U0243130

缅甸特色蔬菜

TYPICAL VEGETABLES IN MYANMAR

杨雪飞　张　宇◎主编

中国科学技术大学出版社

内容简介

缅甸是全球生物多样性热点地区之一,蔬菜资源丰富。不同民族、不同地区对蔬菜的认识和用法不尽相同,具有鲜明的地方特色和极高的多样性。基于实地调查和文献研究,本书记录了缅甸常见特色蔬菜41科87种,内容包括当地名、植物学名、生境、分布、食用部位、传统药用、烹饪加工方法、成分分析、功效验证以及其他应用等大量信息,并附有彩色蔬菜照片。本书是首部关于缅甸野生蔬菜资源的专著。

图书在版编目(CIP)数据

缅甸特色蔬菜/杨雪飞,张宇主编.—合肥:中国科学技术大学出版社,2018.12
ISBN 978-7-312-04579-0

Ⅰ.缅… Ⅱ.①杨… ②张… Ⅲ.蔬菜—介绍—缅甸 Ⅳ.S63

中国版本图书馆CIP数据核字(2018)第224780号

出版 中国科学技术大学出版社
安徽省合肥市金寨路96号,230026
http://press.ustc.edu.cn
https://zgkxjsdxcbs.tmall.com
印刷 安徽联众印刷有限公司
发行 中国科学技术大学出版社
经销 全国新华书店
开本 710 mm × 1000 mm 1/16
印张 7.75
字数 180千
版次 2018年12月第1版
印次 2018年12月第1次印刷
定价 56.00元

编写组成员及分工

统稿及总论

杨雪飞

野外考察

杨雪飞　张　宇　杨　珺　蔡　杰　李建文　付　瑶　杨建昆

物种文献查阅和总结

李建文　付　瑶　施银仙　杨淑娇　毕迎风　周　敏　龙美芝

物种鉴定

蔡　杰　杨　珺　张　宇

文献资料校验和汇总

张　宇

照　片

杨雪飞　蔡　杰　杨　珺　杨建昆　张　宇　李建文　付　瑶
毕迎风　Pyae Phyo Hein

缅　文

Aye Mya Mon　Pyae Phyo Hein　Nay Lin Tun　Thae Thae San
Yunn Mi Mi Kyaw

序
——舌尖上的缅甸

前几年，国内有一部特别火爆的电视纪录片《舌尖上的中国》，该片介绍了我国天南地北不同的美味佳肴。我看过几集，印象最深的当属食材的多样和烹饪制作工艺的奇妙，有些甚至闻所未闻，不禁感慨自然的馈赠和人类的伟大创造。今天我向读者推荐的是《缅甸特色蔬菜》一书，该书是基于对缅甸20多个传统集市的实地调查和访谈，经过科学鉴定和文献梳理后编写而成的。全书共记录缅甸常用且具有特色的野生和半野生蔬菜41科87种，内容包括当地名、植物学名、生境、分布、食用部位、传统药用、烹饪加工方法、成分分析、功效验证以及其他应用等大量信息，并附有精美的彩色照片。如果有人希望品尝缅甸的蔬菜佳肴，该书不失为一本“吃货”宝典。

古语云：“民生之道，食为大。”世界各国各族人民都拥有丰富的食用植物传统知识，有关野生和半野生食用植物的知识甚至可以追溯到采集渔猎时代。在自然生态环境不断萎缩、传统知识加速流失、粮食安全尚未得到保障的今天，记录、整理和研究传统食用植物具有重要的价值。2015年联合国通过的17个可持续发展目标中，消除饥饿是全球共同致力于实现的第二大目标，足见其重要性。都说要了解一个国家、一个民族，最简单的方法就是从了解他们的饮食文化开始。饮食文化还是一种重要的文化载体，比如中国人讲究菜肴的色香味俱佳。缅甸也是一个饮食文化历史悠久的国家，其食材和烹饪工艺具有独特性。如本书所述，缅甸的传统膳食习惯是在夏季吃甜味植物，雨季吃苦味植物，冬季吃酸味植物。在缅甸，茶叶被腌制成酸菜食用，传统饮食中几乎每顿饭都有酸茶叶。

除了调查、记录和整理传统知识，本书还提供了许多科学研究的选题。现代人都希望吃得安全、吃得健康，但很多野生食用植物尚缺乏系统的科学研究和验证，因此加强食用植物的成分分析、功效验证食用安全、加工工艺优化等研究应当成为今后科研工作的重要方向。

是为序！

中国科学院昆明植物研究所研究员、党委书记、副所长

2018年4月

前　言

中国有古话"民以食为天"。食物是保障我们每个人基本生命活动的物质基础。植物是光合作用的初级生产者,也是人类食物来源的重要组成部分,但不是所有的植物都能被人类食用。到目前为止,世界上记载的植物超过30万种,证明可食用的约有3万种,养活现代全球75亿人口的植物则不超过30种,而人体85%~90%的总能量摄取仅来自12种栽培作物(Ogoye-Ndegwa, Aagaard-Hansen, 2003)。剩下约90%的植物,或者有毒,或者不能满足人类对食物口感和营养的需求,或者人类尚未掌握驯化它们的方法,只能依靠大自然的少量馈赠,或者根本不知道是否有毒、是否好吃、是否有一定的生物活性和功能。

那些被记载为可食用的约3万种植物,绝大部分处于野生状态,尚未进行大规模驯化栽培,其信息来源于民间传统知识和实践经验,以世代相传的方式传播。与科学文化知识相比,该类知识的分布分散,受众范围狭窄,多散落保存在经济相对落后的区域,是人类文明的"隐形"财产。然而,这份财产正面临尚未被世界认知就濒临消亡的危险。随着工业革命及与其相伴的全球化、城市化和土地利用变化进程,人类的生活方式和饮食结构发生了翻天覆地的变化。麦当劳、肯德基和星巴克逐渐渗透到世界的各个角落,而关于野生食用植物的传统知识则朝着相反的方向发展,逐渐消亡。此外,随着土地利用的改变,特别是天然林的大面积消失,很多野生食用植物丧失了自然栖息地。物质载体的丧失必将导致相关知识和文化消亡。同样地,如果掌握和传承野生植物知识的人群的生活和工作方式发生了改变,不再与土地、自然和植物发生密切关联,则有关知识也将丢失。除此之外,与规模化栽培的农作物相比,野生食用植物资源量小,获取和采后处理较为费事,有时还需要专门的经验和知识,因此成本较高。在追求快速、高效的现代生活和工作模式下,取材天然的传统食物成为了"奢侈消费品"。

因为饮食结构和生活方式的改变,加上全球气候变化和环境恶化,人类受越来越多的慢性病困扰,诸如糖尿病、慢性心血管疾病、癌症和慢性呼吸系统疾病等(张勇等,2016)。世界卫生组织(WHO)2012年的统计表明,该年内全球约有3800万人死于慢性病,占总死亡人数的52%。据估计,到2030年全球将有5200万人死于慢性病(WHO,2014),其中四分之三的慢性病发生在中低收入国家。同时,治疗慢性病产生的高昂医疗费将给这些国家带来沉重的社会经济负担。要进行有效的慢性病防控,合理饮食是一个重要方面。什么样的饮食结构是合理的? WHO提出五条建议:① 实现能量平衡和保持健康体重；② 减少脂肪总量的摄入，选择摄入不饱和脂肪，消除反式脂肪酸；③ 增加水果、蔬菜及豆类、全谷类和坚果的摄入量；④ 限制游离糖的摄入量；⑤ 限制各种来源的盐（钠）摄入，摄入碘化盐。其中，水果和蔬菜的摄入是实现健康饮食的重要途径，每天足量的摄入能够有效预防心血管疾病和部分癌症。据报道，全球范围内水果和蔬菜摄入不足可能导致14%的胃肠癌症死亡率、11%的缺血性心脏病死亡率，以及9%的中风死亡率。WHO和联合国粮食农业组织（FAO）推荐每天的水果与蔬菜摄入量是400克（不包括土豆和其他淀粉类块茎），可有效预防心脏病、癌症、糖尿病和肥胖，也可预防微量营养的短缺，特别是在发展中国家。

在发展中国家，农村人口的饮食结构中，野生和半野生蔬菜、水果占有很大的比重(Ogle et al., 2001)。这些野生和半野生蔬菜，除了为人体提供必需的营养物质外，还可以提供具有生物活性的功能物质，即次生代谢产物，如黄酮、生物碱和皂苷等，是保障人体健康和机体平衡的物质基础。然而，对这类蔬菜与水果的分类学背景和物质基础的科学研究严重不足，包括对物种的科学鉴定，功能验证，以及营养成分和次生代谢产物的分析等。人们有必要对生长于生物多样性与文化多样性热点地区的具有特色、传统食用的野生和半野生蔬菜、水果进行系统研究、功能评价和产品研发。挖掘具有不同健康功能的食物资源，发扬和继承“药食同源”的思想和理论，服务于人类健康。

缅甸与中国山水相连，也是我国“一带一路”沿线的重要国家。缅甸历史上就与我国有频繁的植物资源交换，特别是药材资源。我国很多“南药”资源产自缅甸。结合国家“一带一路”倡议和中国科学院“走出去”战略部署，中国科学院与缅甸林业研究所合作，于2015年起在缅甸内比都正式建立东南亚生物多样性研究中心。该中心设有传统医药与民族植物学核心团队，主要开展东南亚药用和食用植物的系统研究。该团队通过两年多的野外民族植物学考察、标本采集、室内物种鉴定、文献查阅和数据整理，撰写了本书。本书包括3章：第1章介绍蔬菜的定义及其研究和开发利用现状；第2章介绍缅甸野生和半野生蔬菜民族植物学研究，侧重于对缅甸传统药食体系的阐述和获取本书数据所采用的方法；第3章介绍缅甸特色蔬菜，记录缅甸集市上常见的特色野生和半野生蔬菜87种，并针对每个物种分别介绍其物种信息，包括缅文名、中文名、拉丁名、物种特征、分布、缅甸传统用途和已知功能和活性等信息。物种排序参考APGIV系统。

本书中记录的有些蔬菜种类，在我国西南地区也有，之所以将其列入本书，是因其制作和烹饪方法与我国有所差异，颇具缅甸特色。例如，茶叶在我国和世界上大部分地区几乎都是以冲泡的方式饮用的，而在缅甸，茶叶却被腌制成酸菜食用，且十分普遍。缅甸传统饮食中几乎每顿饭都有酸茶叶。又如，四棱豆（*Psophocarpus tetragonolobus*）根和糖棕（*Borassus flabellifer*）幼苗粗纤维含量高、适口性差，在国内未见食用报道，但缅甸人喜烧食或煮食，市场销量极大。另外，一些通常认为有毒的类群，如夹竹桃科(Apocynaceae)物种和缅甸臭豆(*Archidendron pauciflorum*)在市场上大量、频繁出现。这些物种有何药食功效,当地人如何食用、如何进行脱毒处理等一系列问题都值得深入研究。

该书是首部关于缅甸野生蔬菜资源的专著,希望其出版能够推动缅甸野生蔬菜资源的研究、健康功效评价、引种栽培和人工驯化,以及市场开发,为缅甸社区群众经济增收提供科技支持,也为我国广大群众的健康做出贡献。

本书是国家自然科学基金项目"缅甸野生蔬菜的民族植物学和抗氧化活性研究"(31670338)、中国科学院东南亚生物多样性研究中心传统医药与民族植物学核心团队(2015CASEABRIRG001)、云南省野生资源植物研发重点实验室课题"缅甸野生蔬菜资源调查和编目"(2016-00X)研究成果。感谢中国科学院2018年度"一带一路"暨发展中国家科技培训班(科发外审字2018-142号)资助本书出版。

目　录

第1章　蔬菜的定义及其研究和开发利用现状

1. 蔬菜的定义和栽培历史

蔬菜的分类来源于日常习惯而非植物学意义，因此没有严格的定义。它一般指除了谷物等主粮外，经过加工烹饪后或直接食用的植物。与其混淆的概念是水果。蔬菜通常在社会文化和用途含义上有别于水果，但很多情况下界限也不太明显。有的水果在特定的区域和文化背景下也作为蔬菜食用。譬如，杧果和木瓜通常在其产地之外用作水果，而在其产地的很多热带区域，两者都是非常普遍的食用蔬菜。最有名的菜式包括泰国的杧果沙拉和木瓜沙拉等。又如，在缅甸菠萝蜜幼果常作为蔬菜售卖，煲汤食用；菠萝通常和肉类食品一起烹饪。而有的植物既可作为主食，也可作为蔬菜，如马铃薯。马铃薯自从引入欧洲后，掀起了欧洲的农业革命，养活了欧洲的大部分人口。而在东方的中国，主粮以稻米和小麦为主，马铃薯则作为蔬菜食用。

蔬菜有栽培和野生之分，也有介于二者之间的半栽培或半野生状态。半野生蔬菜，也非严格定义，既不是来自规模种植，也非完全取自天然。它通常指分布于人类活动范围内取自自然生长的可食用植物。同样地，半栽培蔬菜，意指那些并不是人为栽培，但可能被“圈养”了的植物。关于概念，读者不必深究其意。本书之所以借用野生、半野生或半栽培蔬菜的概念，目的是侧重关注那些并非全世界范围内规模化栽培食用，但具有典型区域特色和人文特点的类群。而这些植物类群，通常以野生、半野生或半栽培的形式出现。

现代人的祖先在约700万年前从类人猿中分化出来后，大部分时间都进行采集渔猎的生活方式（戴蒙德，2014）。据可追溯的历史，人类在过去1.1万年中才逐渐掌握如何驯化野生动植物，人类文明才诞生了粮食生产和畜牧业。而有的民族，甚至就从未学会种植和生产粮食，比如澳大利亚的土著。从进化的角度来看，人类现阶段的肠胃系统依然适应采集渔猎时代所食用的动植物，偏好多重来源，并且是野生和天然的。然而，自农业文明时期，人类所食用植物的种类越来越少，特别是野生植物。与此同时，动物性食品和植物性食品中的碳水化合物的比重越来越高，纤维素和其他微量元素的占比越来越低。从公元前10000年到公元前7000年，农耕文化开始，有了蔬菜种植。到目前为止，世界范围内广泛种植的蔬菜有60多种，ISO（International Organization for Standardization，国际标准化组织）对这些蔬菜进行了标准制定（ISO，1991）。据统计，全球用于种植蔬菜的土地约有5600万公顷，年产蔬菜10亿吨。中国是世界上蔬菜种植的第一大国，约占全世界总产量的一半（FAO，2015）。

2. 野生蔬菜的功能

野生蔬菜在保障人类健康和粮食安全、优化土地利用和提高社区经济收入等方面具有重要作用。第一，与栽培作物相比，野生蔬菜取材自然，不受农药和化肥的污染，是绿色有机食品。随着社会的进一步发展，特别是现代人类对健康、无污染、纯天然和有机食品的需求增长，野生蔬菜成为现代消费时尚，市场需求巨大(Geng et al., 2016)。第二，野生蔬菜多来源于森林或田间地头，既为当地居民提供重要的收入来源，又兼有水土保持等生态功能(Konsam et al., 2016)。第三，野生蔬菜是粮食安全的重要补充和保障(Łuczaj, 2010; Bvenura, Afolayan, 2015; Reyes-García et al., 2015)。一方面，它是人类可食用野生植物资源的天然储备库，帮助人类提高抵抗农业生产灾荒的风险能力；另一方面，它蕴含着诸多抗逆基因，是改良栽培作物的基因库。第四，野生蔬菜通常具有药食两用的功能，能为人体提供多种矿物质、维生素、黄酮、抗氧化物质、纤维素和微量元素等(Łuczaj, Dolina, 2015; Kibar, Temel, 2016)。在交通不便的边远地区，野生蔬菜是当地居民，特别是儿童和妇女主要的微量元素来源(Ogle et al., 2001)。不同的野生蔬菜含有不同的营养成分。据推测，我国有超过1800种野生蔬菜，仅在云南记载的就有297种(许又凯, 刘宏茂, 2002)。这些丰富的野生资源是开发功能性食品、解决人类诸多健康问题的重要宝库(Khan et al., 2016)。

如果说栽培作物的主要贡献是养活了全球75亿的人口，那么野生蔬菜的贡献便是有利于解决人类的营养和健康问题。据世界卫生组织的报告，全球约有60%生活在发展中国家的人口依赖野生植物作为其营养和医疗保障资源(WHO, 2010)。

全球人口现在已经达到75亿，预计在2030年达到85亿(UNDESAPD, 2017)。来自52个低收入和中等收入国家的统计表明，约有77.6%的男性和78.4%的女性人均水果和蔬菜的摄入量少于400克，或少于日摄入食物量的50%(Hall et al., 2009; WHO, 2004)。水果和蔬菜摄入量的增加能降低冠心病(coronary heart disease)和中风(stroke)的发病率(Bazzano et al., 2003; Dauchet et al., 2005; Hu et al., 2014)。WHO也将水果和蔬菜摄入量不足列为10项全球死亡风险因素之一。有报道表明，水果和蔬菜的摄入不足导致14%的肠胃癌死亡率、11%的缺血性心脏病、9%的中风(WHO, 2010)。

许多研究证明，野生蔬菜中含有各种次生代谢产物，并具有不同的生物活性。韩国学者对56种野生蔬菜进行了研究，发现它们具有抗癌(特别是乳腺癌和胃癌)、抗氧化、抗炎和抗糖尿病的多重功效(Ju et al., 2016)。巴基斯坦学者对*Ficus palmata*, *F. carica* 和 *Solanum nigrum* 等39种野生蔬菜进行了研究，发现这些物种的总黄酮含量较高，具有较好的抗氧化作用，能治疗44种疾病(Abbasi et al., 2015)。García-Herrera等人开展了野生韭菜*Allium ampeloprasum*与其近缘栽培种的比较研究，发现野生韭菜显著富含多元不饱和脂肪酸和亚油酸，是一种较好的低能量、高纤维和富锌的食物(García-Herrera et al., 2014)。我国学者发现市场常见的食用花卉(大部分为野生)具有较好的抗氧化活性(Xiong et al., 2014; Chen et al., 2015; He et al., 2015)。据流行病学研究表明，很多慢性疾病或与人类衰老相关疾病的发生都与人体内氧自由基的过量积累有关。野生蔬菜中含有的酚类物质，均是良好的天然抗氧化剂或氧自由基清除剂，是其发挥保健作用的主要生物活性物质（Xiong et al., 2014; Chen et al., 2015; He et al., 2015）。大多数的野生蔬菜具有不同程度的抗氧化活性，这是野生蔬菜开发利用的主要研究方向。

关于野生蔬菜的功效、采集、管理和利用，民间通常流传着丰富的地方性知识，例如哪些部位可食、何时采集、如何加工、如何安全食用、如何进行可持续的采集管理等。然而，这些知识绝大部分仅在民间流传和运用，其价值尚未得到科学界的认知和报道，因此制约了野生蔬菜资源的深加工和规模化开发利用。这些制约因素有以下几点：① 缺乏对上述地方性知识的系统调查、记载、验证和科学诠释；② 缺乏对野生蔬菜安全食用和药食功效的系统评价，以及作为功能食品开发的研究；③ 随着全球变化的快速发展，生物多样性和传统知识面临加速流失的风险，包括对野生蔬菜的采集利用（李秦晋等，2007；Bvenura，Afolayan，2015）。尽快对野生蔬菜传统知识进行抢救式整理，开展科学的验证和深入研究，解析其生物活性和有效物质基础，可以为深入开发和利用这些野生资源提供科学依据。

3. 蔬菜的食用历史、文化和地域特征

从采集渔猎时代开始，人们生食各种食物，包括野生植物。自从人类学会用火后，开始吃熟食，随后又发明了各种器皿（陶器、铁器、铜器和瓷器）和炊具，烹饪便逐渐成为一种人类特有的复杂文化和文明象征。对植物食材的烹制，包括从生食沙拉、腌制咸菜，到清水煮汤、汽蒸、烘焙、快火烹炒和高温煎炸等多种方式。每种植物在不同菜式中的作用也各不相同，有主料、配料、香料、食物色素之分。主料的功能多为提供人体所需的各种营养元素，包括碳水化合物、蛋白质、脂肪、膳食纤维、维生素、矿物质和微量元素。配料的功能主要为调节口味和口感，比如酸、甜、苦、辣。香料因其特殊的芳香性和挥发性成分，为食物增添味觉和嗅觉的体验。食物色素的运用，除了增添视觉的美学效果外，也具有重要的保健功能，比如花青素、胡萝卜素等。如前面所述，与其他植物一样，除了作为结构性食物之外，蔬菜也富含多种次生代谢产物，在使用得当的情况下具有一定的治病保健功能。

世界各地对食用植物的筛选和利用，具有很强的地域性和文化性。地域性源于生物地理气候条件限制，即不同植物在地球上的分布和生长受特定的地理气候条件影响。在一定的地理气候条件下，生长着特定的植物类群及其集合。这些植物的集合组成了一个巨大的物种和基因资源库，可供人类从中选择利用。例如，赤道热带以芭蕉花（*Musa*）、榕属（*Ficus*）为美食，地处温带的欧洲则喜欢甜菜（*Beta vulgaris*）。不是因为欧洲人不喜欢芭蕉花，也不是赤道人民不爱吃甜菜，而是他们居住的环境没有对应的资源自然分布。即使具有相同的环境条件和类似的植物资源库，文化也会影响人们对食用植物的选择。喜马拉雅山脉是杜鹃花科（Ericaceae）植物分布的热点地带，物种丰富，有的物种分布较广，比如大白花杜鹃（*Rhododendron decorum*）。在中国云南省

的大理白族自治州，人们对大白花杜鹃情有独钟，而相隔200千米以外的迪庆藏族自治州，老百姓认为大白花杜鹃有毒，从不食用。其含有一种称为木藜芦烷类的神经毒素，如果处理不当，食用大白花杜鹃确实具有一定风险。另一个更为直接的文化对饮食的影响就是不同文化群族对野生蘑菇的认识。信仰印度教的印度人和尼泊尔人绝不采食蘑菇，他们认为蘑菇在腐朽之物上面生长，象征污秽之物，而在喜马拉雅山东麓的云南省，野生菌被奉为美食，身价不菲。另一个有趣的现象是，被日本人奉为极品食材的松口蘑（*Tricholoma matsutake*），在中国云南等地传统上称为"臭鸡枞"，过去无人捡拾，直到大量出口日本后，老百姓才意识到其身价，进行大量采集和开展相关的贸易活动（Yang et al., 2012）。当然，在未来信息与物流都飞速发展和极度便利的情况下，食用植物的地域性和文化性差异会逐渐缩小。

4. 食用蔬菜的部位、季节和方法

对于一种食用植物，吃哪个部位，什么时候吃，怎么吃，适合什么人群吃都有一定的规则和科学本质。对于可食用植物，并非所有部位都适合食用。哪个部位可食，如同哪个物种可食一样，首先取决于是否有毒，其次才是是否好吃，是否有营养。每种植物的食用部位可能不同，包括不同器官，如根、茎、叶、花、果、种子。例如，人们不吃榕树的树干和枝条，首要原因是不好吃、适口性差，而人们采食榕树的嫩芽，是因为比起树干和枝条来，嫩芽不仅好咀嚼、口味好，而且还有很好的抗氧化保健功能。又如，很多少数民族食用野生花卉，但就算是小小的一朵花，也不是所有的组织都能食用的。很多花的花药有毒，需要在前期加工处理时去除毒素方能食用。而花苞片通常味道苦涩，也需去除。而有的花（如木棉（*Bombax ceiba*）），只有花丝才拿来食用。那些经过栽培驯化的植物，通过人为的遗传选择，可食用部位充分表达，使得一个植株可被食用部位的干物质比例远远超过其野生型同类。例如玉米，通过人类近10000年的驯化使其种子达到今天的大小。而与之相比，玉米的野生祖先*Zea mays* subsp. *parviglumis*果实非常小，几乎没有食用价值（Vigouroux et al., 2003）。

什么时候吃，包括两个层面的含义：① 可食用的部位在一年中何时可以获取，即季节性。有的植物可全年采食，有的则不然，特别是食用部位是花和果的种类，就必须在开花和结果的季节才能食用。② 是否在特定的时间食用某种植物。比如中国人端午吃粽子，缅甸人在Tazaungmone月份（缅历法记录月份，通常对应为阳历的11月）的满月之日食用决明属铁刀木*Senna siamea*的花蕾。他们相信铁刀木的守护神在当晚获得来自月亮的能量，能治疗疾病。这种在特定时间食用某种植物的习惯多与文化和宗教相关，但其背后是否蕴含一定的科学道理有待进一步探索。

怎么吃，指的是加工工艺和烹饪过程。通常第一步涉及上述提到的去除有毒或不适口的部位，然后可能涉及用热水焯去除毒素或苦味，有的则需要腌制，最后才按照当地饮食文化特色与不同的食材搭配并通过不同方式进行烹饪。同一食材并不是所有人都能食用的，这里除去口味偏好的问题，特指有的人群或在特定的阶段不宜食用的情况。特别是那些具有过敏体质的人群要小心选择食用植物。

5. 野生蔬菜的研究现状

过去对蔬菜的民族植物学研究，关注对象多为野生蔬菜。野生蔬菜的研究经历了民族植物学发展的三个阶段，即描述、解释和应用阶段（龙春林，2013）。早期的研究多集中在对特定区域或少数民族的集市或社区的调查和编目。随后，研究增加了对采食野生蔬菜的行为主体、行为过程、制备知识、传统知识、传播途径以及历史变迁等方面的纵向深入和横向跨区域、跨民族文化的对比。近年来，对野生蔬菜的营养成分、安全食用等研究不断增加，生物活性筛选及其有效成分的研究方兴未艾。在研究方法上，从经典的古籍研究、社区和市场调查、问卷调查、关键人物访谈和编目等，逐渐融入现代的植物化学、分子生物学和药理学手段，包括营养成分、生物活性及其有效物质的筛选鉴定等（裴盛基，2013）。这里重点介绍野生蔬菜的编目、社会文化功能、采食活动的变迁、营养和生物活性等方面的研究进展。

（1）野生蔬菜的民族植物学编目

基于所处的生态环境条件、物种组成和丰富度之间的差异，不同民族所食用的野生蔬菜各有异同，构成丰富的野生蔬菜多样性以及文化多样性。各地各民族食用的野生蔬菜从几十种到200种不等。例如在俄罗斯高加索北部山区Daghestan的调查中，记载了22种野生蔬菜。在摩洛哥的Taounate，Azilal和El区域，记录有23属30种野生蔬菜（Powell et al.，2014）。印度Manipur 20个集市上共记载出售42科68种野生蔬菜（Konsam et al.，2016）。Bvenura和Afolayan总结了南非的野生蔬菜，归纳了33科103种（Bvenura，Afolayan，2015）。在津巴布韦的一个研究案例中，当地社区采集和食用21个栽培植物和241种野生植物（Abbasi et al.，2015），充分说明野生蔬菜资源的丰富性及其对社区的重要性。在意大利南部所记载的79种野生食用蔬菜中，1/4为频繁采集和食用的，10种尚未被报道过（Biscotti，Pieroni，2015）。在中国，Wujisguleng和Khasbagen等在内蒙古调查到90种野生蔬菜（Wujisguleng，Khasbagen，2010）；淮虎银等记载了云南金平集市苗族、傣族、哈尼族和汉族出售的野生蔬菜29种（淮虎银等，2008）；王洁如和龙春林记载了云南基诺族野生食用蔬菜86种（王洁如，龙春林，1995）；刘川宇等发现云南佤族食用野生蔬菜69种（刘川宇等，2012）；耿彦飞等记载了纳西族食用的野生蔬菜75种（Geng et al.，2016）；许又凯和刘宏茂总结发现云南记载野生蔬菜297种（许又凯，刘宏茂，2002；Xu et al.，2004）。尽管如此，许多野生蔬菜目前仅在民间采集和食用，尚未得到科学的验证和诠释；有些地区尚未进行过野生蔬菜的系统研究，缺乏本底调查和基础数据。

（2）野生蔬菜的多重功能

野生蔬菜通常具有药食两用的功能。在粮食短缺的年代，野生蔬菜是食物的重要补充和来源；在食物丰富的年代，野生蔬菜则作为人们休闲娱乐所食用的健康菜肴（Łuczaj，2010）。除此之外，野生蔬菜还有其他可被开发的潜力。例如Gatto等人对9种野生食用蔬菜提取液制备的天然杀菌剂进行抗菌试验，发现小地榆（*Sanguisorba minor*)和一种列当(*Orobanche crenata*)表现出较强的抗菌抑制作用(Gatto et al., 2011)。其主要成分为咖啡酸衍生物和黄酮类天然产物,可用于水果和蔬菜采收后的抗菌和保鲜剂。野生蔬菜既是乡村居民重要的膳食来源,也是他们重要的经济来源(Konsam et al., 2016),在乡村社区生活中占有重要的地位。在越南的研究发现,野生蔬菜是农村妇女最主要的微量元素来源,特别是胡萝卜素、维生素C和钙(Ogle et al., 2001)。甚至有研究指出野生蔬菜还具有一定的社会文化载体功能,伴随其采集和赠予活动,作为纽带促进社区内部交流(Kaliszewska, Kołodziejska-Degórska, 2015)。

野生蔬菜在保障粮食安全、优化土地利用、提高社区经济收入,以及种质资源保育等方面具有重要作用。第一,同规模化种植的栽培蔬菜相比,野生蔬菜不需要大量使用化肥农药,大多产自山野,属于无污染无公害的绿色食品,随着人们对食品安全的关注度和要求的提高,野生蔬菜的需求量也相应增加(Geng et al., 2016)。第二,野生蔬菜多来源于森林或田间地头,能为当地居民提供重要的收入来源,同时野生蔬菜也属于自然植被的一部分,兼有水土保持等生态功能(Konsam et al., 2016)。第三,野生蔬菜是食用植物的"种质资源库",对粮食安全起到补充和保障的作用(Łuczaj, 2010; Bvenura, Afolayan, 2015; Reyes-García et al., 2015)。一方面,它是食用野生植物资源的天然储备库,帮助人类提高抵抗农业生产灾荒的风险能力;另一方面,它蕴含着诸多抗逆基因,是改良栽培作物的基因库。

(3) 野生蔬菜的营养成分

野生蔬菜富含微量元素、维生素、黄酮、皂甘和纤维素等营养成分,被视为健康有益的食品(Łuczaj, Dolina, 2015)。与栽培蔬菜相比,野生蔬菜的营养元素通常含量更高,或者具有其他栽培蔬菜所没有的特殊营养成分,特别是微量元素。在对土耳其野生蔬菜*Bellevalia forniculata*, *Beta corolliflora*, *Caltha polypetala* 和 *Primula auriculata* 的研究中发现,野生蔬菜的矿物质含量总体上显著高于栽培蔬菜,是成本较低的矿物质补充方式(Kibar, Temel, 2016)。Morales等人采用优化高效液相色谱荧光检测法发现野生蔬菜具有较高含量的叶酸,最多可达506微克 / 100克(Morales et al., 2014)。曹利民等检测了江西客家16种野生蔬菜的营养成分,发现维生素、粗纤维、粗蛋白、铁元素含量高于栽培蔬菜,可溶性总糖含量则低于栽培蔬菜(曹利民等, 2015)。韩国学者Bae等人采用电感耦合等离子体发射光谱对11种野生蔬菜的6种元素进行了检测,同时测定了人体吸收比率,提出野生蔬菜能是微量元素吸收的重要方式(Bae et al., 2014)。Morales等人则在西班牙8种野生蔬菜中发现生育酚含量较高(Morales et al., 2011),后期又采用气相色谱法研究了西班牙20种野生蔬菜的脂肪酸成分和含量(Morales et al., 2014)。

微量元素缺乏是个全球性问题,影响到全球20亿人口的健康,导致工作效率低下、高死亡率和发病率。微量元素不足也会导致患慢性病,对婴儿认知能力造成永久伤害。对野生蔬菜的研究和利用无疑能够阐明其对农村社区膳食结构的重要性,同时也为城市人口提供潜在的微量元素资源(Flyman, Afolayan, 2006)。历史上,野生蔬菜含有人类所需的多种营养元素,包括维生素和矿物质。与栽培蔬菜相比,野生蔬菜富含微量元素,是我们补充微量元素的替代途径。然而,野生食用蔬菜通常未被充分开发利用,也常常被研究者和政策制定者所忽视。对野生蔬菜的进一步科学利用和开发一方面有助于为人类身体健康提供保障,另一方面也能促进对物种本身的保护。需要加强的是对这些野生食用蔬菜的化学、营养和毒理学研究。此外,对于野生蔬菜微量营养元素的生物利用率(the bioavailability of micronutrients),以及不同的制备工艺还有待进一步探索。

(4) 野生蔬菜的市场潜力

尽管农业绿色革命在发达国家取得了重大的胜利,带来粮食的丰产,但在落后国家收效甚微。这些国家近半个世纪以来与粮食安全做斗争,主要威胁因素包括剧增的人口压力、气候变化带来的干旱、政治不稳定以及落后的耕作系统等(FAO, 2017)。野生蔬菜和水果可作为救荒食物并抵御农业风险,特别是在干旱时期和主要粮食作物歉收的情况下。然而存在这样一个矛盾:在很多地区,特别是发展中地区,人们一方面守着巨大的野生食用植物资源宝库,另一方面却面临着营养不良的情况。据统计,在2014~2016年间,全球仍然有7.95亿人口处于营养不良的状况(FAO, 2017)。究其原因,部分归结于我们对现代农业的依赖性较高而忽略了野生植物资源的潜力。野生蔬菜的贸易是一个被忽略的灰色领域,很少有研究和数据能说明野生蔬菜的贸易总量和变化情况。许又凯等人基于在西双版纳10个月的调查发现,当地少数民族食用248种野生蔬菜,销售量占市场蔬菜销售量的20.6%(许又凯等, 2004)。这些数据说明,可食用的野生植物资源库巨大,具有较大市场份额和发展潜力,可用于对抗食物安全和解决营养问题。

(5) 快速流失的野生蔬菜传统知识

世界各地都面临传统知识流失的问题,包括野生蔬菜的传统知识。从采食的野生蔬菜物种数量上来看,全球普遍出现减少的趋势。野生蔬菜采集活动也从满足自我需求的定期行为演化为不定期的休闲娱乐活动,或是作为经济来源的纯商业化行为。Łuczaj综合分析了波兰四个历史时期的民族植物学研究,发现自1883年以来食用的野生蔬菜数量逐步减少,且被栽培种替代(Łuczaj, 2010)。Joshi等人对尼泊尔中部Makawanpur的研究中也发现野生蔬菜的种类和数量都呈下降的趋势(Joshi et al., 2015)。通过文史记载可知,在南欧黑塞哥维那,历史上共食用过82种野生蔬菜,现有四分之三的物种得以保留(Łuczaj, Dolina, 2015)。另外,随着全球化的发展,食物构成也趋于一致化,保留传统饮食组成和习惯的年轻人越来越少。在很多地方,尽管传统野生蔬菜依然有分布,但很少有人掌握其辨识、采集时间和加工烹饪方法等传统知识。Bvenura和Afolayan指出与野生蔬菜相关的传统知识正在快速流失,应尽快进行记录并加以保护(Bvenura, Afolayan, 2015)。

第2章　缅甸野生和半野生蔬菜民族植物学研究

1. 缅甸的野生蔬菜资源研究

缅甸多为热带区域，生物多样性丰富，少数民族众多，是全球生物多样性和文化多样性的热点区域（Myers et al., 2000）。缅甸官方统计有135个民族，主要包括缅、钦、克钦、掸、克耶、克伦、孟等民族，每个民族都有自己的语言和传统。相对而言，缅甸受现代化和全球化影响程度较低，保留了较为完整的野生植物的传统知识，是开展民族植物学研究的理想区域。当地野生蔬菜资源丰富，不同的民族对资源的利用也各有不同。缅甸与中国山水相连，也是我国"一带一路"沿线的重要国家。受过去社会经济发展的限制，缅甸的科研相对落后，植物学研究严重滞后。到目前为止，尚未有研究报道缅甸的野生蔬菜资源及其药食功能和生物活性。基于中国科学院东南亚生物多样性中心（以下简称"东南亚中心"）的研究平台，我们对缅甸传统野生和半野生，特别是具有缅甸特色的蔬菜进行民族植物学研究，目的在于探明缅甸野生蔬菜资源种类，并通过植物化学和生物活性等现代研究手段评估重要野生蔬菜的营养价值和抗氧化功效。

2. 缅甸传统医药体系及其对饮食文化的影响

缅甸的传统医药最早可追溯到公元前600年，受中医和印度阿育吠陀的共同影响，发展出独具特色的医药体系。传统缅甸医药体系通常与星相学相结合（Awale et al., 2006）。由于长期封闭和研究缺乏，外界对该体系的了解甚少。缅甸传统医药得以一直传承，直至19世纪缅甸被英国殖民统治时期。然而随着西方医学（对抗疗法）的引入以及后期政府的支持不足，传统医药的发展受到限制。尽管如此，约有75%的缅甸人仍然依赖传统医药体系来维系基本健康（Awale et al., 2006）。现在缅甸医疗体系一个重要的特点就是现代医药与传统医药共存（Peltzer et al., 2016）。现在的缅甸传统医药不仅继承了历史上流传下来的许多著名医学著作的理论，还继承了一些具有缅甸本土特色的芳香按摩医疗理论。除此之外，便是佛教哲学对疾病防治的教导。缅甸保留了很多关于药用植物的传统知识，这些知识代代相传。佛教是缅甸的主要宗教，在缅甸人民的生活中占有重要的地位，包括医疗和健康。医学是佛教"五明"知识体系中重要的组成部分，称为"医方明"，作为佛经的重要组成部分进行传授和传承，很多重要的医药知识由寺院僧人掌握和传授。很多医学古籍通过贝叶经得以记载与传承。

因此，缅甸传统医药具有浓厚的佛教特色。依据佛教思想，一切疾病皆有缘起，正如《阿含经》所说：此有故彼有，此生故彼生，此无故彼无，此灭故彼灭。疾病因缘而生。也就是说，疾病的产生不是无缘无故的，而是有一定因果关系的，疾病本身是一系列

“障碍”产生的“果”，不同的障碍会产生相应的疾病。佛教医学认为疾病的原因有过、失、患、恶咎、罪过、患难、秽、客尘、病等“障碍”，并把这些障碍按照体液学说分为“风”“胆”“痰”三种类型。此外，佛教认为无明是一切障碍的根源，由于无明，众生陷于“贪、嗔、痴”三毒，导致五蕴炽盛，四大不调，因而生出各种障碍和痛苦。很多传统医生从僧人那里习得治疗的技术，都会受到佛教的深厚影响，他们通常推崇冥想以净化身体去除物理和心理的压力和疾病。除此之外，与中国“药食同源”的理论思想相同，缅甸民间谚语称“食物是药，药是食物”。在这样的指导思想下，缅甸文化中对植物的食用遵循传统医疗体系的原则，并规定了在特定季节食用特定的植物。

3. 缅甸药食思想：季节与饮食

按照佛教医学的理论，一年之中，根据太阳运行的高度分为雨际、秋时、寒时、冰雪、花时和热际六个季节，每个季节为两个月。“风、胆、痰”三种体液会随着季节的变化而变化，在雨际时胆汁增长，寒时时痰增长，热际时风增长，而在花时、秋时和雨际时，三种体液都会受影响。而根据一年之中冷热寒暑的变化，又分为春、夏、秋、冬四季，每个季节三个月，三种体液的运转在不同季节的失衡就会导致不同疾病的发生。《金光明最胜王经》云：“春中痰瘾动，夏内风病生，秋时黄热增，冬节三俱起。”因此，保持健康的秘诀就是“随顺四时”“调和六腑”。饮食也是重要的健康要素，《金光明经》中又说：“有风病者，夏则应服，肥腻咸酢，以及热食；有热病者，秋服冷甜；等分冬服，甜酢肥腻；肺病春服，肥热腥腻。”（陈明，2016；赖永海，2016）

从味道上来讲，各种味道都会影响体液的性质。辣味、苦味和涩味可以影响风；酸味、辣味和咸味可以影响胆；甜味、酸味和咸味会影响痰。通过食用与影响体液味道相反的食物，可以使体液回归平衡，治疗疾病。酸味有利于排泄，促进消化；甜味能滋养身体，增强体质；咸味能促进消化，有松弛作用；辣味增加消化之火，能减少懒惰和去毒；苦味去热、止渴、助消化，导致腹泻；涩味能促进伤口愈合，止泻（陈明，2016）。

受佛教医学影响，缅甸传统医学又根据缅甸自然社会环境和资源特点，发展出具有缅甸特色的传统医学饮食理论。当地不仅野生蔬菜资源丰富，食用野生蔬菜的传统知识也多种多样、别具一格，并与人体健康密切相关。缅甸传统医药理论认为血液的“味道”能够反映人们的身体健康状况。不同季节健康人体的血液“味道”不同，健康血液在夏季（3~6月）时“味道”是甜的，在雨季（7~10月）时是苦的，在冬季（11月至翌年2月）时是酸的（表1）。为维持人体健康，各季节需要食用对应味道的食物（包括蔬菜）来调节血液的“味道”使其符合季节规律，例如雨季要食用苦瓜之类的苦味蔬菜（表1）。

表1 缅甸传统药食思想及其潜在科学解释

季节	传统药食思想	潜在科学解释		
夏季	甜味植物能保持血液的属性为“甜”	气候炎热使人体脱水	⇒	大量补充糖分和水分能缓解和改善脱水状况
雨季	苦味植物能保持血液的属性为“苦”	潮湿的环境容易滋生细菌	⇒	生物碱一般为苦味,具有药用和抗菌作用
冬季	酸味植物能保持血液的属性为“酸”	冬季寒冷空气湿度低,容易造成皮肤干燥和维生素C缺乏	⇒	植物酸(抗血酸)能治疗维生素C缺乏症和提高免疫力

4. 研究方法

2015年12月至2017年5月,我们对缅甸20多个传统集市进行调查,记载到缅甸旱季来自掸邦南部、曼德勒省、马圭省、勃固省和仰光省的41科90种食用野生和半野生蔬菜,为本书奠定了良好的基础。其中,豆科(Fabaceae)、芸香科(Rutaceae)、大戟科(Euphorbiaceae)、百合科(Liliaceae)、葫芦科(Cucurbitaceae)和苋科(Amaranthaceae)等最为丰富。初步调查中发现一些有趣的现象。例如,一些通常认为有毒的类群,如夹竹桃科(Apocynaceae)物种和缅甸臭豆(*Archidendron pauciflorum*)在市场上大量、频繁出现。再如,茶叶在世界上大部分地区都是以饮料的形式食用的,而在缅甸,茶叶却被腌制成酸菜食用,而且十分普遍,缅甸传统饮食中几乎每顿饭都有酸茶叶。又如,四棱豆(*Psophocarpus tetragonolobus*)根和糖棕(*Borassus flabellifer*)幼苗粗纤维含量高、适口性差,在国内未见食用报道,但缅甸人喜烧食或煮食,市场销量极大。这些物种有何药食功效,当地人如何食用、如何解毒等一系列问题有待进一步深入调查。

研究组综合考虑了集市规模、野生蔬菜出现频率、市场特征和可操作性,选定曼德勒省的Zay Cho市场、掸邦的东枝中心市场,以及茵莱湖周边的Ming Though、Inn Thei、Pindaya、Kyone和Kalaw 7个市场及其周边的社区开展深入和多次调查。曼德勒为缅甸第二大省,以缅族为主,同时分布有掸、勃欧、崩龙和傈僳等少数民族。曼德勒省的Zay Cho市场为当地最大的蔬菜贸易市场,市场内来自周边各地的野生蔬菜种类较为丰富。掸邦是多民族聚居的省份,分布有勃欧、掸、克钦、勃朗、德努、拉祜、傈僳、勃当、克耶等民族。东枝为掸邦首府,是掸邦野生蔬菜的重要集散地。茵莱湖位于东枝南面10公里处,是当地生物和文化多样性较为丰富的区域。从湖边到周边山地最高点,海拔范围为880~1700米,植被垂直分布明显。不同少数民族依山而居,孕育了丰富、各具特色的野生蔬菜采集和食用文化。茵莱湖周边的社区长期以来形成逢五日轮转的传统集市文化,分别在Ming Though、Inn Thei、Pindaya、Kyone、Kalaw等社区间流转。在这些集市及其周边的社区里,有鲜明特色的野生蔬菜较为集中,是开展野生蔬菜民族植物学研究的理想区域。

对选定的集市,根据其集市周期规律,研究组分别在旱季(1~4月)和雨季(7~9月)进行定期调查。调查活动在早上7~10点人流和物流最为集中的时段进行。研究组对市场所有摊位进行快速扫描,定位野生蔬菜售卖摊位;对所售野生蔬菜记录食用部位,采集照片、原材料和分子材料凭证;对符合标本制作条件的样本,采集和制作凭证标本;对野生蔬菜摊主进行访谈,记录当地名、生境、生活史、分布、食用民族、资源量、功效、制备工艺及其他用途等信息。经过三年多的调查研究,发现了众多具有药食保健功能的蔬菜超过100种。本书介绍其中87个分类群和使用信息确定的物种。

第3章　缅甸特色蔬菜及其功能

胡椒　ငရုတ်ကောင်း

胡椒科

***Piper nigrum* Linnaeus**

Piperaceae

中文别名:玉椒。

食用部位:果实。

食用方法:调味香料。

分布和栽培情况:缅甸热带地区栽培。

所见市场:曼德勒、仰光。

化学成分:含蛋白质及多种微量元素。次生代谢产物主要为胡椒碱和胡椒酰胺。

药理功能:胡椒碱具有抗惊厥、镇静中枢神经系统的作用,此外还具有升压、利胆等活性;胡椒酰胺具有杀寄生虫活性等作用。高血压、胃溃疡患者慎用。

缅甸药用:助消化,治疗胃病。

中国应用:调味。中医用作胃寒药。藏药用胡椒治疗反胃、食积腹胀、阴寒腹痛等,也用于治疗培根病。蒙药用于治疗脘腹冷痛、呕吐、泄泻、消化不良、寒痰食积等。维药用于治疗心腹冷痛、胃寒食积、风寒感冒、产后风寒腹痛、跌打损伤等。傣药用于治疗胃腹疼痛。

形态特征:木质攀缘藤本。茎、枝无毛,节显著膨大,常生小根。叶厚,近革质,阔卵形至卵状长圆形,稀有近圆形,顶端短尖,基部圆,常稍偏斜,两面均无毛。花杂性,通常雌雄同株;花序与叶对生,苞片匙状长圆形,浆果球形,无柄,成熟后呈红色,未成熟的果实干后呈黑色。花期6~10月。

主要文献:国家药典委员会,2015.

芋 ပိန်းဥ

天南星科

***Colocasia esculenta* (Linnaeus) Schott** Araceae

中文别名: 芋头。

食用部位: 球茎。

食用方法: 煮熟去除麻味后食用。

分布和栽培情况: 缅甸各地广泛栽培。

所见市场: 东枝、宾德亚、和榜、彬龙、莱林。

化学成分: 含有淀粉及钾、钙、镁、磷等多种矿物质。

药理功能: 球茎含有草酸钙,对口腔和呼吸道有强烈刺激性,充分煮熟后可去除刺激性。大量食用含有草酸钙的食品可导致肾炎。

缅甸药用: 治疗蛇虫咬伤。

中国应用: 变异多样,栽培品种较多。有食用、药用、观赏等多重功能。不同品种食用部位不同,有球茎、叶柄、花等。需要注意的是,野生芋头种类繁多,其中部分种类毒性大,不可食用。

形态特征: 多年生常绿草本。根茎倒圆锥形。叶丛生,叶柄淡绿色,具白粉;叶片长圆状心形、卵状心形,长可达1.3米,宽可达1米。花序柄近圆柱形,常5~8枚并列于同一叶柄鞘内;鳞叶膜质,披针形,背部有2条棱凸。佛焰苞长12~24厘米,管部绿色,檐部粉白色。肉穗花序长9~20厘米,雌花序圆锥状,奶黄色,基部斜截形;不育雄花序圆锥状;能育雄花序雄花棱柱状,雄蕊4枚,药室长圆柱形。附属器极短小,锥状。浆果圆柱形,种子多数,纺锤形,有多条明显的纵棱。花期4~6月,果9月成熟。

主要文献: 刘宇婧等, 2016; 刘宇婧等, 2017; Xu et al., 2001.

刺芋 

天南星科

Lasia spinosa (Linnaeus) Thwaites

Araceae

中文别名:刺茨菇。

食用部位:嫩茎叶。

食用方法:炒食或焯水后做沙拉食用。

分布和栽培情况:曼德勒省、仰光省。

所见市场:仰光、良乌、新蒲甘、曼德勒。

化学成分:根茎含水麦冬甙(triglochinin),以及酚类、氨基酸、有机酸和糖。

药理功能:用于治疗各种类型的肝炎、胆结石和胰腺癌。

缅甸药用:用作清肠排毒药。

中国应用:云南南部和西南部用作野生蔬菜。云南省普洱市群众用刺芋根茎做"端午药汤",有祛湿除病的功效。

形态特征:多年生有刺常绿草本。茎灰白色,圆柱形,多少具皮刺;生圆柱形肉质根,须根纤维状,多分枝。叶柄长于叶片;叶片形状多变:幼株上的戟形,至成年植株过渡为鸟足-羽状深裂,背面淡绿且脉上疏生皮刺;基部弯缺宽短,稀截平;线状长圆形,或长圆状披针形,向基部渐狭,最下部的裂片再3裂,上部螺状旋转。肉穗花序圆柱形,钝,黄绿色。浆果倒卵圆状,顶部四角形,先端通常密生小疣状突起。花期9月,果翌年2月成熟。

主要文献:王国强, 2014; Hong et al., 2006.

水菜花 ရေညှိ

水鳖科

Ottelia cordata **(Wallich) Dandy**

Hydrocharitaceae

食用部位:花。

食用方法:做汤食用。

分布和栽培情况:实皆省、曼德勒省。

所见市场:曼德勒。

化学成分:未见相关报道。

药理功能:未见相关报道。

缅甸药用:治疗足癣。

中国应用:同属植物海菜花 *Ottelia acuminata* 在云南省作为蔬菜食用,野生或栽培于湖泊、池塘。

形态特征:一年生或多年生水生草本。须根多数。茎极短。叶基生,异型;沉水叶长椭圆形、披针形或带形,全缘,薄纸质,淡绿色,光滑无毛;叶柄基部有鞘,带形叶则近于无柄、浮水叶阔披针形或长卵形,先端急尖或渐尖,基部心形,全缘,较沉水叶厚,革质,基部有鞘。花单性,雌雄异株;佛焰苞腋生,具长梗,长卵圆形,具6条纵棱,雌佛焰苞内含雌花1朵,花被与雄花花被相似;果实长椭圆形。花期5月。

主要文献:中国科学院华南植物园, 1977.

宽叶韭 အရ ဇွတိုဂျးကွကျာသုနျူ

石蒜科

***Allium hookeri* Thwaites**

Amaryllidaceae

中文别名:苤菜。

食用部位:须根、嫩叶、花葶。

食用方法:直接食用,是掸族米线的重要配料。

分布和栽培情况:多见于掸邦。栽培。

所见市场:东枝、东枝茵莱湖、宾德亚、格劳。

化学成分:全草富含维生素C、维生素B_1、维生素B_2、烟酸、胡萝卜素、多种矿物质和膳食纤维。

药理功能:种子具有改善性功能、增强免疫、抗高温和低温、抗氧化衰老、抗诱变等功能。

缅甸药用:治疗消化不良、腹泻等。

中国应用:作蔬菜食用;花序可腌制咸菜,称“韭菜花”;种子入药,用于治疗胸痛、胸闷、心绞痛、胁肋刺痛、咳嗽、慢性支气管炎、慢性胃炎、痢疾。

形态特征:具倾斜的横生根状茎。鳞茎簇生,近圆柱状;鳞茎外皮暗黄色至黄褐色,破裂成纤维状,呈网状或近网状。叶条形,扁平,实心,比花葶短,边缘平滑。花葶圆柱状,常具2纵棱,下部被叶鞘;伞形花序半球状或近球状,具多但较稀疏的花;花白色;花被片常具绿色或黄绿色的中脉。花果期7~9月。

主要文献:吴征镒, 2006; 张娇等, 2016.

芦荟 ရှားစောင်းလက်ပတ်ပင်

刺叶树科

***Aloe vera* (Linnaeus) N. L. Burman**

Asphodelaceae

中文别名:库拉索芦荟。

食用部位:叶。

食用方法:去皮后直接食用芦荟胶,可做成沙拉。

分布和栽培情况:缅甸热带、亚热带地区栽培,以中部多见。

所见市场:仰光、曼德勒。

化学成分:叶含芦荟苦素、芦荟宁、月桂酸、肉豆蔻酸、棕榈酸、棕榈油酸、硬脂酸、十六碳二烯酸、油酸、亚油酸、亚麻酸、葡萄糖酸、β-胡萝卜素、维生素、葡萄甘露聚糖等功能性成分。

药理功能:芦荟多糖,对免疫系统有一定的调节作用,具有抗肿瘤活性。从汁液中提取的结晶能显著降低由四氯化碳或硫代乙酰胺引起的偏高丙氨酸转氨酶。

缅甸药用:治疗烫伤、毒虫咬伤、腹内痉挛剧痛。

中国应用:传统中医用芦荟汁液熬煮后用以润发。现代多用于美容护肤,也可食用。芦荟也是民族药,云南傣药用来治疗蛇虫咬伤。

形态特征:多年生植物。茎短或明显。叶肉质,呈莲座状簇生或有时二列着生,先端锐尖,边缘常有硬齿或刺。花葶从叶丛中抽出;花多朵排成总状花序或伞形花序;花被圆筒状,有时稍弯曲;通常外轮3枚花被片合生至中部;雄蕊6枚,着生于基部;花丝较长,花药背着;花柱细长,柱头小。蒴果具多数种子。

主要文献:中华本草编委会, 2005b.

糖棕 ထန်း

棕榈科

Borassus flabellifer **Linnaeus**

Arecaceae

中文别名:扇叶糖棕。

食用部位:多部位可食用。市场常见种子胚乳以及发芽后伸长的肉质胚轴和糖棕糖、糖棕酒等。

食用方法:胚乳烤或煮食。花序梗割取汁液制糖、酿酒、制醋和饮料。

分布和栽培情况:勃固省、曼德勒省、实皆省、德林达依省。

所见市场:曼德勒、仰光。

化学成分:棕榈糖主要含果糖;花中含有皂苷类成分。

药理功能:花中的皂苷类成分具有抗糖尿病活性。

缅甸药用:治疗疥疮、气喘、吐血。

中国应用:云南南部和西南部热带地区作为观赏树和行道树种植。广东一带从泰国进口糖棕种子干片用于煲汤,称作"海底椰"。

形态特征:粗壮高大棕榈型乔木,叶大型,掌状分裂,近圆形,裂至中部,线状披针形,渐尖,先端2裂;叶柄粗壮,边缘具齿状刺。雄花序长,雄花小,多数,黄色,雌花较大,球形,螺旋状排列。果实大,近球形,压扁,外果皮光滑,黑褐色,中果皮纤维质,内果皮由3(-1)个硬的分果核组成,包着种子。种子通常3颗,胚乳角质,均匀,中央有1空腔。

主要文献:马源,1979;Yoshikawa et al.,2007.

芭蕉 ငှက်ပျောဖူး

芭蕉科

***Musa* spp.**

Musaceae

中文别名:甘蕉。

食用部位:花、茎干嫩心、嫩叶。

食用方法:做汤或沙拉食用,掸邦掸族也做包烧和炒菜食用。

分布和栽培情况:广布于缅甸热带、亚热带地区。栽培或野生。

所见市场:曼德勒、仰光、东枝。

化学成分:果肉、花、叶、根中均含有丰富的糖类、氨基酸、纤维素、多种矿物质等。根部含2′,3,4′-三羟基黄酮,3,3′-bishydroxyanigorufone,豆甾醇,Irenolone,2,4-dihydroxy9(4′-hydroxyphenyl)-phenalenone,3,4-二羟基苯甲醛和β-胡萝卜苷。花含豆甾醇和β-胡萝卜苷。叶和根富含挥发油。

药理功能:芭蕉花提取物有α-葡萄糖苷酶抑制活性、抑菌活性、抗氧化活性、抗炎镇痛活性。

缅甸药用:清肠,治疗便秘,减肥。

中国应用:花、叶、根均有较高的药用价值,临床上主要用于治疗心脑血管、消化系统、循环系统、风湿及妇科方面的疾病。云南、广西一带也食用芭蕉花。

形态特征:(芭蕉属)多年生丛生草本,具根茎,多次结实。假茎全由叶鞘紧密层层重叠而成,基部不膨大或稍膨大,但决不十分膨大呈坛状;真茎在开花前短小。叶大型,叶片长圆形,叶柄伸长,且在下部增大成一抱茎的叶鞘。花序直立,下垂或半下垂;苞片扁平或具槽,芽时旋转或多少覆瓦状排列,绿、褐、红或暗紫色,通常脱落,每一苞片内有花1或2列,下部苞片内的花在功能上为雌花,但偶有两性花上部苞片内的花为雄花。浆果伸长,肉质,有多数种子,但在单性结果类型中为例外;种子近球形、双凸镜形或形状不规则。

主要文献:中国科学院中国植物志编辑委员会, 2005; 刘洋等, 2013.

竹芋 အာဒါလူတူ

竹芋科

Maranta arundinacea **Linnaeus**

Marantaceae

中文别名: 冬粉薯。

食用部位: 根茎。

食用方法: 炒食或煮后加芝麻油做沙拉。

分布和栽培情况: 缅甸热带、亚热带地区栽培。

所见市场: 曼德勒、仰光。

化学成分: 富含淀粉等碳水化合物,以及多酚类、黄酮类、生物碱、皂苷等。

药理功能: 竹芋醇提取物能有效降低大鼠血清丙二醛和转氨酶水平,可能与其含有抗氧化成分有关。

缅甸药用: 治疗咳嗽、尿道感染。

中国应用: 根茎富含淀粉,可煮食或提取淀粉供食用或糊用。

形态特征: 直立草本,高0.4~1米,具分枝。根状茎肉质,白色,末端纺锤形,具宽三角状鳞片。叶片卵状矩圆形或卵状披针形,长10~20厘米,宽4~10厘米;叶柄顶端的叶枕圆柱形。总状花序顶生,花白色,萼片卵状披针形,花冠裂片3;外轮的2枚花瓣状退化雄蕊倒卵形。果褐色,长约7毫米。

主要文献: 薛娟萍等, 2014; Nishaa et al., 2012.

闭鞘姜 ဖလံတောင်ဝှေး

闭鞘姜科
Costaceae

Cheilocostus speciosus **(J. Koenig) C. D. Specht**

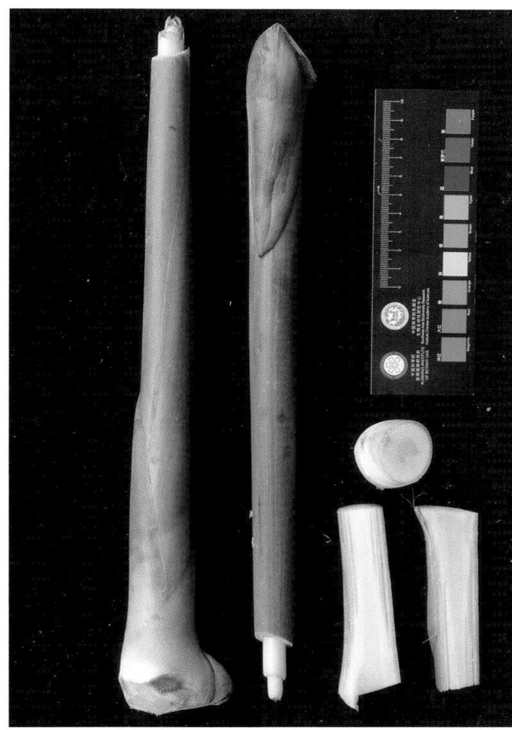

中文别名:老妈妈拐棍姜。

食用部位:嫩茎。

食用方法:炒食,做汤,或与肉食品搭配做咖喱菜。

分布和栽培情况:勃固省、克钦邦、曼德勒省、实皆省、掸邦、德林达依省、仰光省。

所见市场:内比都联邦区耶津镇、达贡镇,掸邦东枝区和榜镇。

化学成分:叶的干粉含蛋白质18%,铁46毫克/克,维生素C 81毫克/克,β-胡萝卜素660微克/克,α-生育酚149毫克/克。根茎含闭鞘姜脂(costunolide)和薯蓣皂苷元。

药理功能:闭鞘姜脂对糖尿病模型大鼠有降血糖和降血脂功效;薯蓣皂苷元是世界上合成300多种甾体激素和避孕药的原料。

缅甸药用:根茎用于退烧和治疗胃肠气胀。

中国应用:根茎(樟柳头)供药用,有消炎利尿、散瘀消肿的功效。云南德宏傣族用其茎干嫩心做凉菜食用,为当地一特色时令野菜。

形态特征:株高1~3米,基部近木质,顶部常分枝,旋卷。叶背密被绢毛。穗状花序顶生;苞片红色,具增厚及稍锐利的短尖头;小苞片淡红色;花萼革质,红色;花冠管短,白色或顶部红色;唇瓣宽喇叭形,纯白色。蒴果稍木质,红色。花期7~9月;果期9~11月。

主要文献:中国药材公司, 1994; Eliza et al., 2009; Devi, Asna, 2010.

凹唇姜 ဆိတ်ချဖူး

姜科

Boesenbergia rotunda **(Linnaeus) Mansfield**

Zingiberaceae

中文别名:甲猜。

食用部位:根茎、肉质根。

食用方法:调味香料。

分布和栽培情况:勃固省、实皆省、曼德勒省、内比都联邦区、德林达依省、伊洛瓦底省。

所见市场:内比都、昂班。

化学成分:根茎有效成分为山柰酚(Kaempferol)和山柰素(Kaempferide)。

药理功能:凹唇姜提取物具有抗血小板聚集、抗氧化、抗炎等活性。

缅甸药用:根茎和根用于治疗胃肠道消化疾病,以及咳嗽和口腔溃疡。

中国应用:云南德宏傣族景颇族自治州盈江县有栽培,景颇族用来制作特色"舂菜"。近些年从泰国引进优良品种,在华南沿海地区种植成为"明星蔬菜",用于制作"保健酵素"。

形态特征:株高50厘米;根茎卵圆形,黄色,有辛香味,根粗。地上茎无;叶3~4片基生,2列,直立,叶片卵状长圆形或椭圆状披针形,顶端具小尖头,基部渐尖至近圆形,除叶背中脉被微疏柔毛外,两面均无毛;叶鞘红色。穗状花序藏于扩大的顶部叶鞘内,花芳香;花冠淡粉红色,花冠裂片长圆形;侧生退化雄蕊倒卵形粉红色;唇瓣宽长圆形,内凹呈瓢状,白色或粉红而具紫红色彩纹,顶部平坦,边微皱。花期7~8月。

主要文献:Lim, 2016.

白花山柰 ပဒေါကြော

姜科

***Kaempferia candida* Wallich**

Zingiberaceae

食用部位：花、根茎、肉质根。

食用方法：做沙拉食用。

分布和栽培情况：伊洛瓦底省、曼德勒省、马圭省。

所见市场：内比都。

化学成分：未见相关报道。

药理功能：未见相关报道。

缅甸药用：治疗外伤出血、消化不良。

中国应用：云南西双版纳傣族食用其花，制作西双版纳特色傣味凉菜。

形态特征：根茎块状，根细长，末端膨大。叶未详。穗状花序有6~8朵花，先叶开放，无总花梗；苞片椭圆形，白色，顶端具美丽的玫瑰红色；花冠管长为萼长的一倍，裂片披针形，后方的1枚兜状，并具小尖头；侧生退化雄蕊直立，倒卵形，白色，基部黄色；唇瓣反折，圆楔形，顶端2裂至1/3处，白色，中央有2条黄色的条纹；花药隔附属体2裂。花期5月。

主要文献：中国科学院中国植物志编辑委员会，2005.

郁金　နနွင်း

姜科

Curcuma aromatica **Salisbury**

Zingiberaceae

食用部位：花、根茎。

食用方法：花做沙拉食用，根茎用作调味香料。

分布和栽培情况：伊洛瓦底省、勃固省、钦邦、曼德勒省、实皆省、掸邦、仰光省。

所见市场：掸邦东枝区东枝市、格劳镇。

化学成分：块根含姜黄色素，精油中主要含姜黄二酮(curdione)。

药理功能：姜黄素具有抗菌、抗肿瘤和抗炎等功效。

缅甸药用：根茎治疗消化不良、皮肤病等。

中国应用：药用，具有行气解郁、破瘀、止痛的功效，主治胸闷胁痛、胃腹胀痛、黄胆、吐血、尿血、月经不调、癫痫。本种和姜黄的根茎均为中药材“姜黄”的原材料。

形态特征：株高约1米；根茎肉质，肥大，黄色，芳香；根端膨大呈纺锤状。叶基生。花葶单独由根茎抽出，穗状花序圆柱形；花葶被疏柔毛；花冠管漏斗形，喉部被毛，裂片白色而带粉红；唇瓣黄色，倒卵形；子房被长柔毛。花期4~6月。

主要文献：中国药材公司，1994；Sudharshan et al.，2010；Hou et al.，2009.

姜黄 နနွင်း

姜科

Curcuma longa **Linnaeus** Zingiberaceae

食用部位：花、根茎。

食用方法：花做沙拉食用，根茎用作调味香料。

分布和栽培情况：缅甸各地广泛栽培。

所见市场：内比都、曼德勒。

化学成分：根茎含姜黄素(Curcumin)，挥发油含姜黄酮(Turmerone)、二氢姜黄酮(Dihydroturmerone)、姜烯(Zingiberene)和d-α-水芹烯等。

药理功能：乙醇粗提物对八叠球菌(Sacina)、高夫克氏菌(Gaffkya)、棒状杆菌(Corymebacterium)、梭状芽孢杆菌(Clostridium)以及多种葡萄球菌、链球菌和芽孢杆菌有抑制作用。水提取液和石油醚提取液对雌性大鼠有抗生育活性。

缅甸药用：根茎治疗痢疾、消化不良、外伤出血等。

中国应用：药用，可行气破瘀，通经止痛。主治胸腹胀痛、肩臂痹痛、月经不调、闭经、跌打损伤。工业上可用于提取黄色食用染料以及作为姜黄素的提取原料。本种和郁金的根茎均为中药材“姜黄”的原材料。

形态特征：株高1~1.5米，根茎发达，成丛，分枝多，椭圆形或圆柱状，橙黄色，极香；具块根。叶片长圆形或椭圆形。花葶由叶鞘内抽出，穗状花序圆柱状；苞片卵形或长圆形，淡绿色，边缘染淡红晕；花萼白色；花冠淡黄色；唇瓣倒卵形，黄色。花期8月。

主要文献：中国药材公司，1994.

灰绿姜黄(新拟) မာလာဖူး

姜科

Curcuma glauca **(Wallich) J. Škorničková (=*Hitchenia glauca*)** Zingiberaceae

食用部位:花。

食用方法:做沙拉食用。

分布和栽培情况:勃固省、马圭省、曼德勒省。

所见市场:内比都。

化学成分:未见相关报道。

药理功能:未见相关报道。

缅甸药用:助消化。

中国应用:国内尚未引种。

形态特征:多年生草本,根状茎,气味芳香。叶片长圆形。花葶由叶鞘内抽出,穗状花序无总苞,圆柱形,花药不为丁字形,子房三室,花丝狭长;苞片中部绿色,边缘白色;花萼白色;花冠淡紫色。该种为缅甸特有种。

主要文献: Hawaii Tropical Botanical Garden, 2017.

紫花山柰　ကၽမျိုးကတိုး

姜科

Kaempferia elegans **(Wallich) Baker**　　Zingiberaceae

食用部位：叶。

食用方法：做沙拉食用。

分布和栽培情况：勃固省、仰光省、德林达依省、孟邦。

所见市场：内比都。

化学成分：含有二萜类成分。

药理功能：含有的二萜类化合物具有抗菌和细胞毒活性。

缅甸药用：治疗消化不良。

中国应用：作为观赏花卉栽培，花与叶变异丰富，具有极高的观赏价值。根茎有时作为南药“沙姜”的伪品出现于市场。

形态特征：草本，根茎匍匐，不呈块状，须根细长。叶2~4片一丛，叶片长圆形；叶柄长达10厘米。头状花序具短总花梗；苞片绿色，花淡紫色；花萼长约2.5厘米；花冠管纤细；唇瓣2裂至基部成2倒卵形的裂片，长2~2.5厘米；药隔附属体近圆形。

主要文献：Sabu et al., 2013.

宽叶香蒲　မွကျုအညွန့်

香蒲科

Typha latifolia **Linnaeus**

Typhaceae

中文别名：象牙菜。

食用部位：嫩芽。

食用方法：做汤，炒食。

分布和栽培情况：缅甸各地广泛栽培。

所见市场：曼德勒、蒲甘、卑谬。

化学成分：花粉中含柚皮素、β-谷甾醇、长链脂肪烃类化合物、棕榈酸、硬脂酸、甘油酯、门冬氨酸、苏氨酸、丝氨酸等功能性成分。

药理功能：花粉也称蒲黄，其提取液可改善微循环，提高心肌及脑对缺氧的耐受性或降低心、脑等组织的耗氧量，对心脑缺氧有保护作用。蒲黄能使血小板数增加，有明显缩短血液凝固时间的作用；对免疫系统有双向调节作用。蒲黄水溶性部分体外对金黄色葡萄球菌、弗氏痢疾杆菌、绿脓杆菌、大肠杆菌、伤寒杆菌、史密氏痢疾杆菌及2型副伤寒杆菌均有较强抑制作用。

缅甸药用：治疗痢疾。

中国应用：幼叶基部和根状茎先端可作蔬食，称作"象牙菜"，花粉即蒲黄入药，用于治疗吐血、崩漏、外伤出血、经闭痛经、脘腹刺痛、跌打肿痛、血淋涩痛。

形态特征：多年生水生或沼生草本，根状茎乳黄色，先端白色。地上茎粗壮。叶条形，光滑无毛，上部扁平，背面中部以下逐渐隆起；下部横切面近新月形呈海绵状；叶鞘抱茎。雌雄花序紧密相接；花序轴具灰白色弯曲柔毛，叶状苞片花后脱落；雌花序花后发育；雄花通常由2枚雄蕊组成，长矩圆形，花粉粒正四合体，纹饰网状，基部合生成短柄；雌花无小苞片；孕性雌花柱头披针形，子房披针形，不孕雌花子房倒圆锥形，宿存，子房柄较粗壮，不等长；白色丝状毛明显短于花柱。小坚果披针形，褐色，果皮通常无斑点。种子褐色，椭圆形。花果期5~8月。

主要文献：Hoang et al., 2017; Ben Salem et al., 2017; Bonanno, Cirelli, 2017; 廖矛川等, 1989.

香茅 သံပုရာမြက်

***Cymbopogon citratus* (Candolle) Stapf**

禾本科

Poaceae

中文别名:柠檬草。

食用部位:全草。

食用方法:调味香料。

分布和栽培情况:缅甸热带、亚热带地区栽培。

所见市场:曼德勒、仰光、东枝、内比都。

化学成分:叶含有大量挥发油,包括香茅醇等功能性成分。

药理功能:香茅油具有广谱的抗菌性及抗氧化活性。

缅甸药用:用于风湿痛、头痛、胃痛、月经不调。

中国应用:作为香料或药用。

形态特征:多年生,成大丛,有柠檬香气。秆粗壮,高达2米。叶片条形,宽15毫米,两面都呈灰白色,粗糙。伪圆锥花序疏散,分枝细弱,由成对的总状花序托以佛焰苞状总苞形成;小穗成对,无柄小穗长约5毫米,宽仅0.7毫米,基盘钝;第一颖两侧有脊,脊间无脉,背部下方凹陷;无芒。

主要文献:黎华寿等, 2005.

羽叶金合欢　သူးပုပ်ကြီး

豆科

***Acacia pennata* (Linnaeus) Willdenow**

Fabaceae

中文别名：臭菜。

食用部位：嫩梢。

食用方法：做沙拉或做汤。

分布和栽培情况：缅甸热带、亚热带地区栽培或野生。

所见市场：曼德勒、东枝、格劳、宾德亚、和榜、彬龙、莱林、黑河、昂班。

化学成分：含有酚类物质和类黄酮化合物。

药理功能：臭菜提取物具有抗氧化活性。

缅甸药用：治疗外伤感染、脓肿。

中国应用：嫩尖可作蔬菜，称为“臭菜”，云南南部特色蔬菜。

形态特征：攀缘、多刺藤本；小枝和叶轴均被锈色短柔毛。总叶柄基部及叶轴上部羽片着生处稍下均有凸起的腺体1枚。头状花序圆球形，单生或2~3个聚生，排成腋生或顶生的圆锥花序，被暗褐色柔毛；花萼近钟状；子房被微柔毛。果带状，无毛或幼时有极细柔毛，边缘稍隆起，呈浅波状；种子长椭圆形而扁。花期3~10月；果期7月至翌年4月。

主要文献：贾敏如，李星炜，2005；Kim et al.，2015.

缅甸臭豆　တညင်းသီး

豆科

***Archidendron pauciflorum* (Bentham) I. C. Nielsen**　Fabaceae

食用部位：种子、嫩叶。

食用方法：充分煮透脱毒后，油炸或蘸鱼酱食用。

分布和栽培情况：分布于缅甸热带区域，中部和南部多见。栽培。

所见市场：曼德勒、东枝、木姐。

化学成分：种子蛋白质含有含硫氨基酸，丙酮提取物富含多酚。

药理功能：多酚具有抗氧化活性。需要注意的是，该种有肾毒性成分，不可多食。

缅甸药用：净化血液，治疗痢疾。

中国应用：云南省德宏傣族景颇族自治州边境地区有少量进口作为食用蔬菜。

形态特征：落叶大乔木，高达25米。二回羽状复叶。花白色。荚果深紫色，无毛，木质化，镰刀形或扭曲。种子黄绿色，成熟时褐色。花期9~10月。

主要文献：Panpipat et al., 2010.

白花羊蹄甲 ၸၢယ်ႇလ်ၢဝ်ၵႃ

豆科

Bauhinia acuminata **Linnaeus**

Fabaceae

中文别名:渐尖羊蹄甲。

食用部位:嫩叶。

食用方法:做沙拉食用。

分布和栽培情况:缅甸热带、亚热带区域广布。栽培或野生。

所见市场:东枝。

化学成分:羊蹄甲属植物的叶中含有多酚类物质。

药理功能:可食用羊蹄甲属植物富含多酚类物质,具有抗氧化、抗菌等活性。

缅甸药用:清理肠胃。

中国应用:云南南部把羊蹄甲嫩叶和花作为野生蔬菜食用。

形态特征:小乔木或灌木,幼枝被灰色短柔毛,后变无毛。叶近革质,圆卵形至近圆形,先端2裂至1/3或2/5,裂片三角形,先端锐尖,或稍渐尖,基部心形或近平截,叶面无毛,背面被灰褐色短柔毛。总状花序伞房状,腋生或顶生,花萼佛焰苞状,花瓣白色,倒卵状长圆形。荚果线状倒披针形,扁平,直或稍弯,具喙,近腹缝线处有1条凸起的棱;长圆形,扁平。花期4~6月或延至全年,果期6~8月。

主要文献:Parekh et al., 2009; Braca et al., 2001.

白花洋紫荆 စုယျပတေချိန်

豆科

***Bauhinia variegata* var. candida Voigt**

Fabaceae

中文别名:白花羊蹄甲。

食用部位:花、花蕾。

食用方法:焯水后去除苦味,炒食或做汤。

分布和栽培情况:分布于缅甸热带、亚热带地区。栽培或野生。

所见市场:东枝。

化学成分:白花洋紫荆花中含有矿物质微量元素磷、钾、钠、钙、镁、铁、铜和锰等,还含有丰富的B族维生素、维生素C和胡萝卜素等。原变种洋紫荆花中含有异甘草素、山柰酚、咖啡酸等功能性成分。

药理功能:具有抗氧化、抗菌等活性。

缅甸药用:清理肠胃。

中国应用:云南南部把羊蹄甲嫩叶和花作为野生蔬菜食用。

形态特征:落叶乔木,叶近革质,广卵形至近圆形,先端2裂至叶长1/3,裂片先端钝圆,基部浅心形至截形。花序总状或伞房状,顶生或侧生,花少,总花梗短而粗。花大,花瓣白色,有黄绿色或暗紫色斑纹。荚果带状。花期3~5月;果期5~8月。

主要文献:Parekh et al., 2009; Braca et al., 2001; 许又凯等, 2004; 廖云, 李蓉涛, 2013.

木豆 ပဲစဥ္းငံု

豆科

***Cajanus cajan* (Linnaeus) Huth**

Fabaceae

中文别名：豆蓉。

食用部位：新鲜种子。

食用方法：煮熟食用。

分布和栽培情况：缅甸热带、亚热带区域广泛栽培，多见于缅甸中部和南部地区。

所见市场：曼德勒、东枝、实皆。

化学成分：干燥种子蛋白质含量可达20%左右，含微量元素，以钙较突出。木豆叶含水杨酸、儿茶酚、尿嘧啶、印度黄檀苷、染料木苷、牡荆苷、木犀草素、芒柄花苷、染料木素、β-谷甾醇、豆甾醇等。种子含苯丙氨酸（phenylalanine）和对羟基苯甲酸（p-hydroxybenzoic acid）、γ-谷氨酰-5-甲基半胱氨酸（γ-glutamyl-5-methylcysteine）、胰蛋白酶抑制剂（trypsininhibitor）、糜蛋白酶抑制剂（chymotrypsin inhibitor）。种芽含木豆异黄酮（cajanin）、木豆异黄烷酮醇（cajand）。此外，叶中还含3-羟基-5-甲氧基芪-2-羧酸（3-hydroxy-5-methoxystibene-2-carboxylic acid）。

药理功能：水浸剂对絮状表皮癣菌有抑制作用（体外试验）。

缅甸药用：叶子治疗蛇虫咬伤。

中国应用：华南地区有种植，豆子是制作广式糕点、馅料"豆蓉"的原料之一。叶子为传统草药，外用治疗水痘和痈疮肿毒。

形态特征：直立灌木。叶具羽状3小叶。花数朵生于花序顶部或近顶部；花冠黄色，旗瓣背面有紫褐色纵线纹。荚果线状长圆形，于种子间具明显凹入的斜横槽，有时有褐色斑点。花果期2~11月。

主要文献：张嫩玲等，2017.

扁豆　ပဲကြီး

豆科

Lablab purpureus **(Linnaeus) Sweet**　　Fabaceae

中文别名:白花豆。

食用部位:果荚。

食用方法:煮食。

分布和栽培情况:常见蔬菜,缅甸各地广泛栽培。

所见市场:曼德勒、东枝。

化学成分:含蛋白质、脂肪、钙、镁、铁、锌等营养成分。还含胰蛋白酶抑制物、淀粉酶抑制物、氨基酸、生物碱及维生素、血球凝集素、豆甾醇等。

药理功能:具有调节免疫、抗菌、抗病毒等功效。嫩荚和鲜豆含氢氰酸及一些抗营养因子,食前应充分煮熟。

缅甸药用:治疗糖尿病。

中国应用:嫩荚和嫩豆作蔬菜食用。扁豆种子作为滋补佳品,被作为各类粥的原料,还可制成清凉饮料。

形态特征:多年生、缠绕藤本。全株几无毛,茎长常呈淡紫色。羽状复叶具3小叶;托叶基着,披针形;小托叶线形;小叶宽三角状卵形,宽与长约相等,侧生小叶两边不等大,偏斜。总状花序直立;小苞片2,近圆形,脱落;花2至多朵簇生于每一节上;花萼钟状;花冠白色或紫色,旗瓣圆形,翼瓣宽倒卵形,龙骨瓣呈直角弯曲。荚果长圆状镰形。花期4~12月。

主要文献:沈奇等, 2012; 郑家龙, 1997.

假含羞草　ထိကရုံး

豆科

***Neptunia plena* (Linnaeus) Bentham**

Fabaceae

中文别名:水含羞草。

食用部位:全株。

食用方法:做沙拉食用。

分布和栽培情况:野生,多分布于湿地生境。

所见市场:格劳。

化学成分:未见相关报道。

药理功能:未见相关报道。

缅甸药用:清肠,治疗痢疾。

中国应用:观赏植物。茎膨大,造型奇特,可作为水族缸造景植物。该种具有固氮作用,可用作绿肥。

形态特征:多年生陆生或近水生草本;茎直立或铺散。羽片4~10对,最末一对羽片着生处有腺体1枚;小叶9~40对,敏感。头状花序卵形,黄色,上部为两性花,下部为中性花;花萼钟状;花瓣披针形,基部连合。荚果下垂,长圆形;种子5~20粒。花期10~11月。

主要文献:中国科学院中国植物志编辑委员会, 2005.

铁刀木 မယ်ဇလီ

豆科

***Senna siamea* (Lamarck) H. S. Irwin & Barneby**

Fabaceae

中文别名：黑心树。

食用部位：花蕾。

食用方法：花蕾焯水后食用。

分布和栽培情况：缅甸热带地区栽培。

所见市场：曼德勒、内比都。

化学成分：铁刀木叶中含有5-(羟甲基)-2-甲基-6-异戊烯基-1-酮、2-甲基-5-丙酮基-7-羟基-色原酮、4-顺式-乙酰基-3,6,8-羟基-3-甲基-二氢萘酮、大黄素、大黄素甲醚、β-香树脂醇、β-谷甾醇等化合物。

药理功能：铁刀木叶乙醇提取物有镇痛和抗菌活性。

缅甸药用：传统滋补剂、轻泻剂。

中国应用：本种在我国栽培历史悠久，木材坚硬致密，耐水湿，不受虫蛀，为上等家具原料。老树材黑色，纹理甚美，可为乐器装饰。因其生长迅速，萌芽力强，枝干易燃，火力旺，在云南大量栽培作薪炭林，采用头状作业砍伐，砍后2年树高达3~4米，一般每4年轮伐一次。云南民族民间以叶、果实入药，用于治疗痞满腹胀、头晕，根配伍治下肢水肿。

形态特征：乔木，树皮灰色，近光滑，稍纵裂；嫩枝有棱条，疏被短柔毛。小叶对生，革质，长圆形或长圆状椭圆形，顶端圆钝，常微凹，有短尖头，基部圆形，上面光滑无毛，下面粉白色，边全缘。总状花序生于枝条顶端的叶腋，并排成伞房花序状，花瓣黄色，阔倒卵形，荚果扁平，边缘加厚，被柔毛，熟时带紫褐色。花期10~11月；果期12月至翌年1月。

主要文献：中国科学院中国植物志编辑委员会，2005；薛咏梅等，2010；周玲等，2016.

美丽决明 မယ်ျဇလီ

豆科

***Senna spectabilis* (Candolle) H. S. Irwin & Barneby** Fabaceae

中文别名:美洲槐。

食用部位:花蕾。

食用方法:花蕾焯水后食用。

分布和栽培情况:掸邦、克钦邦、钦邦。

所见市场:东枝。

化学成分:含有 3(R)-benzoyloxy-2(R)-methyl-6(R)-(11′-oxododecyl)-piperidine, 5-hydroxy-2-methyl-6-(11′-oxododecyl)-pyridine, 5-hydroxy-2-methyl-6-(11′-oxododecyl)-pyridine N-oxide, (-)-cassine (1), N,O-diacetylcassine 等生物碱。

药理功能:所含生物碱对口腔癌细胞有细胞毒活性。

缅甸药用:传统滋补剂。

中国应用:华南一带引种栽培为观赏植物。

形态特征:常绿小乔木,嫩枝密被黄褐色绒毛。叶互生,叶轴及叶柄密被黄褐色绒毛,无腺体;小叶对生,椭圆形或长圆状披针形,顶端短渐尖,具针状短尖,基部阔楔形或稍带圆形,稍偏斜,上面绿色,被稀疏而短的白色绒毛,下面密被黄褐色绒毛。花组成顶生的圆锥花序或腋生的总状花序;花梗及总花梗密被黄褐色绒毛;花瓣黄色,有明显的脉,大小不一。荚果长圆筒形,种子间稍收缩。花期3~4月;果期7~9月。

主要文献:中国科学院中国植物志编辑委员会, 2005.

酸豆 မန်ကျည်း

豆科

Tamarindus indica **Linnaeus**

Fabaceae

中文别名:酸角。

食用部位:果实、嫩叶。

食用方法:作为酸味调料。

分布和栽培情况:缅甸热带、亚热带地区栽培,尤以中部干热区多见。

所见市场:曼德勒、东枝。

化学成分:果实含糖类(葡萄糖、D-甘露糖、D-麦芽糖、D-阿拉伯糖;有机酸:酒石酸、枸橼酸、草酸、琥珀酸等)、氨基酸(丝氨酸、脯氨酸、丙氨酸、2-哌啶酸、苯丙氨酸、亮氨酸等)、维生素 B_1、维生素C、果胶等。种子含酒石酸、枸橼酸等功能性有机酸。

药理功能:叶有一定的抗菌作用,果肉有轻泻作用。

缅甸药用:治疗痢疾,开胃,助消化。

中国应用:传统中药,用于清火解毒、消肿止痛、利尿排石、涩肠止泻、镇心安神。主治牙痛,腮腺、颌下淋巴结肿痛,小便热涩疼痛,尿路结石,便秘,心慌心悸,失眠多梦。也被用来作为酸味调料及制作酸甜果脯。

形态特征:乔木;树皮暗灰色,不规则纵裂。羽状复叶,小叶小,长圆形先端圆钝或微凹,基部圆而偏斜,无毛。花黄色或杂以紫红色条纹,少数;花瓣倒卵形,与萼裂片近等长,边缘波状,皱折。荚果圆柱状长圆形,肿胀,棕褐色,直或弯拱,常不规则地缢缩;种子褐色,有光泽。花期5~8月;果期12月至翌年5月。

主要文献:中华本草编委会,2005b.

豆薯 ပဲစိမ်းစားပင်

豆科

***Pachyrhizus erosus* (Linnaeus) Urban**

Fabaceae

中文别名:土瓜。

食用部位:块根。

食用方法:煮食。

分布和栽培情况:掸邦栽培。

所见市场:东枝。

化学成分:富含淀粉、糖分、蛋白质、氨基酸、多聚糖、类黄酮和维生素C以及人体所必需的钙、铁、锌、铜、磷等。干粉中蛋白质含量达到25.2%~31.4%。次生代谢产物包括多酚类物质。

药理功能:所含的多酚类物质具有较高的抗氧化活性。成熟的种子中含有鱼藤酮,可引起人、畜和昆虫中毒,甚至死亡。

缅甸药用:种子用于杀虫,治疥疮、头癣;块根治慢性酒精中毒。

中国应用:直接食用和药用。传统中药用于清肝利胆、润肺止咳。治黄疸、慢性肝炎、肺热咳嗽、下血、乳少、带下、小儿疳积。

形态特征:粗壮、缠绕、草质藤本。根块状,纺锤形或扁球形,肉质。羽状复叶具3小叶;托叶线状披针形,小托叶锥状,小叶菱形或卵形,中部以上不规则浅裂,裂片小,急尖,侧生小叶的两侧极不等。总状花序;花冠浅紫色或淡红色,旗瓣近圆形,中央近基部处有一黄绿色斑块及2枚胼胝状附属物,瓣柄以上有2枚半圆形、直立的耳,翼瓣镰刀形,基部具线形、向下的长耳,龙骨瓣近镰刀形。荚果带形,扁平,被细长糙伏毛;种子近方形,扁平。花期8月;果期11月。

主要文献:刘永娟等, 2017.

四棱豆 အတောင်ပဲ

豆科

***Psophocarpus tetragonolobus* (Linnaeus) Candolle** Fabaceae

食用部位：果荚、块根。

食用方法：果实炒食或做沙拉，根蒸熟食用。

分布和栽培情况：缅甸热带、亚热带区域广泛栽培，尤以中部和南部多见。

所见市场：曼德勒、东枝。

化学成分：富含蛋白质、脂肪、矿物质和维生素，以及黄酮类化合物。

药理功能：四棱豆总黄酮对四氯化碳致小鼠急性肝损伤具有一定的保护作用，其保护机制可能与清除自由基、抑制脂质过氧化、抑制TNF-α表达有关。

缅甸药用：幼荚可治疗糖尿病；叶可治疗眼疾和牙痛。

中国应用：全草供药用，有清热利湿、解毒消肿、消炎、止渴、利尿等作用；种子明目，还可作兽药和农药；嫩茎叶可作蔬菜，味酸，也是很好的饲料。

形态特征：一年生或多年生攀缘草本，具块根。叶为具3小叶的羽状复叶，小叶卵状三角形，全缘，先端急尖或渐尖，基部截平或圆形；托叶卵形至披针形，着生点以下延长成形状相似的距。总状花序腋生；花萼绿色，钟状；旗瓣圆形，外淡绿，内浅蓝，顶端内凹，基部具附属体，翼瓣倒卵形，浅蓝色，瓣柄中部具丁字着生的耳，龙骨瓣稍内弯，基部具圆形的耳，白色而略染浅蓝。荚果四棱状，黄绿色或绿色，有时具红色斑点，边缘具锯齿，种子白色、黄色、棕色、黑色或杂以各种颜色，近球形，光亮，边缘具假种皮。果期10~11月。

主要文献：黄小波等，2015；李娘辉，李静艳，1996.

大花田菁 ပေါကျူပန်းဖွ

豆科

***Sesbania grandiflora* (Linnaeus) Persoon**

Fabaceae

中文别名:木田菁。

食用部位:嫩梢、花。

食用方法:焯水后蘸鱼酱食用。

分布和栽培情况:缅甸热带、亚热带区域广泛栽培。

所见市场:曼德勒、东枝。

化学成分:树皮富含多酚类物质。

药理功能:叶和花提取物具有较好的抗氧化活性。叶提取物具有抗焦虑、抗惊厥等作用,并对促红霉素引起的肝损伤有保护作用。树皮富含多酚,用作收敛剂,有抗菌作用。

缅甸药用:治疗糖尿病。

中国应用:花大美丽,可供观赏;叶、花、嫩可食用;树皮入药为收敛剂;内皮可提取优质纤维。

形态特征:小乔木。羽状复叶长。花大,花冠白色、粉红色至玫瑰红色,荚果线形,稍弯曲,下垂,种子红褐色,椭圆形至近肾形,肿胀,稍扁。花果期9月至翌年4月。

主要文献: Pari, Uma, 2003; Kasture, 2002; Gowri, Vasantha, 2010.

鹰嘴豆　ကုလားပဲ

豆科

***Cicer arietinum* Linnaeus**

Fabaceae

中文别名:鸡豆。

食用部位:嫩叶、种子。

食用方法:嫩叶做汤或沙拉。缅甸制作豆腐的原料。

分布和栽培情况:缅甸热带、亚热带区域广泛栽培。

所见市场:曼德勒、东枝。

化学成分:鹰嘴豆富含蛋白质、脂肪、粗纤维、维生素以及钙、镁、铁等营养成分。也含异黄酮、胆碱、肌醇、皂苷等活性物质。

药理功能:对治疗糖尿病及糖尿病引起的血脂代谢紊乱等方面作用明显,是高血脂、高血压等患者良好的药膳食疗保健品。

缅甸药用:清肠。

中国应用:作为传统中药,性味甘、平、无毒,有补中益气、温肾壮阳、主消渴、解血毒、润肺止咳等功效,并且对于糖尿病引起的血管神经病变有显著疗效。

形态特征:一年生草本或多年生攀缘草本,托叶呈叶状;小叶对生或互生,狭椭圆形,边缘具密锯齿,两面被白色腺毛。花于叶腋单生或双生,花冠白色或淡蓝色、紫红色。荚果卵圆形,膨胀,下垂,幼时绿色,成熟后淡黄色,被白色短柔毛和腺毛。种子被白色短柔毛,黑色或褐色,具皱纹,一端具细尖。花期6~7月;果期8~9月。

主要文献:中国科学院中国植物志编辑委员会, 2005; 赵堂彦等, 2014.

移𣐿 ပန်းသီး

蔷薇科

***Docynia indica* (Wallich) Decaisne**

Rosaceae

中文别名:酸移𣐿。

食用部位:果实。

食用方法:酸味调料。

分布和栽培情况:克钦邦、掸邦。

所见市场:宾德亚。

化学成分:富含糖类、功能性有机酸以及大量多酚类成分。

药理功能:所含多酚类成分有抗肿瘤、抗氧化、抗过敏、抑菌、防晒、美白、防治心脑血管疾病等功效。

缅甸药用:解暑消毒、降血糖及降血脂;树皮熬膏直接入药,治疗大面积烧烫伤。

中国应用:云南有栽培。鲜果蘸辣椒盐食用,风味独特。

形态特征:半常绿或落叶乔木,叶片椭圆形或长圆披针形,先端急尖,稀渐尖,基部宽楔形或近圆形,通常边缘有浅钝锯齿,稀仅顶端具齿或全缘。花丛生,花梗短或近于无梗,萼筒钟状,外面密被柔毛;萼片披针形或三角披针形,先端急尖或渐尖,全缘,内外两面均被柔毛,比萼筒稍短;花瓣长圆形或长圆倒卵形,基部有短爪,白色。果实近球形或椭圆形,黄色,幼果微被柔毛;萼片宿存。花期3~4月;果期8~9月。

主要文献:刘海霞等, 2014.

密花胡颓子 ၼၢၼ် ႁိူင်

胡颓子科

***Elaeagnus conferta* Roxburgh**

Elaeagnaceae

中文别名:羊奶果。

食用部位:果实。

食用方法:作为野生水果食用,也用来捣碎做酸味调料。

分布和栽培情况:勃固省、克钦邦、曼德勒省、钦邦、掸邦、实皆省、仰光省、克伦邦。

所见市场:格劳、宾德亚。

化学成分:含有还原糖、有机酸、蛋白质、维生素C以及超过17种氨基酸。次生代谢产物主要有番茄红素、β-胡萝卜素和多酚类。

药理功能:粗提物对α-葡萄糖苷酶的抑制活性较强,接近阿卡波糖100%抑制活性效果。

缅甸药用:用于治疗腹泻、痢疾、咳嗽、气喘。

中国应用:作为野生水果食用。云南南部热带地区用辣椒盐拌羊奶果食用,味道酸辣可口,为当地特色小吃。目前有人工培育品种,味甜。

形态特征:常绿攀缘灌木,无刺;幼枝密被鳞片,老枝灰黑色。叶纸质,椭圆形或阔椭圆形,顶端钝尖或骤渐尖,尖头三角形,基部圆形或楔形,全缘,上面幼时被银白色鳞片,成熟后脱落,干燥后深绿色,下面密被银白色和散生淡褐色鳞片。花银白色,外面密被鳞片或鳞毛,多花簇生叶腋短小枝上成伞形短总状花序。果实大,长椭圆形或矩圆形,直立,成熟时红色;果梗粗短。花期10~11月;果期翌年2~3月。

主要文献:葛宇等, 2017; 黄维南等, 1994.

滇刺枣 ဆီးပင်

鼠李科

***Ziziphus jujuba* Miller (=*Z. mauritiana* Lamarck)** Rhamnaceae

中文别名:缅枣。

食用部位:果实。

食用方法:直接食用。

分布和栽培情况:缅甸中部干热区栽培或野生。

所见市场:曼德勒、马圭、实皆。

化学成分:果肉含有丰富的维生素,其中维生素C含量高于中华猕猴桃(*Actinidia chinensis*)果实。另含多种矿物质和膳食纤维以及黄酮类。

药理功能:所含总黄酮有镇静、催眠、抗氧化和清除氧自由基的作用,亦有降血糖、护肝的作用。乙醇和水提取物具有抗菌、抗过敏、抗癌细胞等多种药理活性,对治疗和预防癌症、心血管疾病有着重要意义。

缅甸药用:具有清凉解毒、镇静抗癌、美容减肥等多种医疗保健作用,治疗心血管疾病、便秘、动脉硬化。

中国应用:制作蜜枣、果脯、蜜饯、枣泥、果丹皮、枣酱、果冻;亦可制作胶囊、冲剂等功能性食品。

形态特征:常绿乔木或灌木。幼枝被黄灰色密绒毛,小枝被短柔毛,老枝紫红色,有2个托叶刺,一个斜上,另一个钩状下弯。叶纸质至厚纸质,边缘具细锯齿。花绿黄色,数个或10余个密集成近无总花梗或具短总花梗的腋生二歧聚伞花序;萼片卵状三角形;花瓣矩圆状匙形,基部具爪。核果矩圆形或球形,橙色或红色,成熟时变黑色,基部有宿存的萼筒。花期8~11月;果期9~12月。

主要文献:徐小艳,吴锦铸,2009.

波罗蜜 

桑科

***Artocarpus heterophyllus* Lamarck**

Moraceae

中文别名:蜜多罗。

食用部位:幼嫩果实。

食用方法:和肉类一起炖煮或油炸。

分布和栽培情况:广布于缅甸热带、亚热带地区。栽培。

所见市场:曼德勒、东枝。

化学成分:果实富含微生物和膳食纤维,特别是维生素 B_6;成熟果实含有较高的糖分。含有异戊烯基酚性化合物。

药理功能:所含异戊烯基酚性化合物,有抗炎、抗菌、抗氧化、抗肿瘤、抗细胞毒及抗寄生虫、抑制胰脂肪酶、抑制酪氨酸酶、抑制黄嘌呤氧化酶、抑制葡萄糖苷酶和抑制黑色素生成等活性。

缅甸药用:清理肠胃,助消化。

中国应用:著名的热带水果,南方热带、亚热带地区种植。云南民族民间药用于治疗风湿性关节炎。未成熟的嫩果在云南德宏傣族景颇族自治州油炸食用,为当地特色小吃之一。

形态特征:常绿乔木,叶革质。托叶抱茎,环状遗痕明显。花雌雄同株,花序生于老茎或短枝上,聚合果圆柱状或近球形,或为不规则形状,表面有坚硬六角形瘤状凸体和粗毛;核果长椭圆形。花期2~3月;果期4~8月。

主要文献:任刚等, 2014.

黄葛树 အညောင်

桑科

***Ficus virens* Aiton**

Moraceae

中文别名：酸苞菜。

食用部位：嫩叶、叶芽。

食用方法：做沙拉食用或做汤。

分布和栽培情况：勃固省、克钦邦、德林达依省、仰光省。

所见市场：曼德勒、内比都。

化学成分：蛋白质含量较常见榕属植物嫩叶高，富含维生素C、多种矿质元素、多酚与黄酮类化合物。

药理功能：叶含多酚与黄酮类化合物，具有抗氧化活性。叶、果和茎皮含有缩合性丹宁，具有络氨酸酶抑制活性。

缅甸药用：治疗骨痛。

中国应用：叶芽和嫩叶作蔬菜食用，味酸，常与猪蹄炖食，或蒸熟并晾干，以便长期保存。常用作行道树，为良好的遮阴树种；木材可用于雕刻。根或叶药用，清热解毒，用于治疗漆疮、鹅口疮、乳痈等。

形态特征：落叶或半落叶乔木，有板根或支柱根，幼时附生。叶薄革质或皮纸质。榕果单生或成对腋生或簇生于已落叶枝叶腋，球形，直径7~12毫米，成熟时紫红色；有总梗。雄花、瘿花、雌花生于同一榕果内。花期5~8月。

主要文献：中国药材公司，1994；许又凯等，2005；Abdel-Hameed，2009；Chen et al.，2014；Shi et al.，2011；Shi et al.，2014.

红瓜 ကင်းပုံပရ

葫芦科

***Coccinia grandis* (Linnaeus) Voigt**

Cucurbitaceae

中文别名：金瓜。

食用部位：嫩梢、果实。

食用方法：嫩梢焯水后做沙拉食用或炒食。

分布和栽培情况：伊洛瓦底省、仰光省、克伦邦、孟邦。

所见市场：曼德勒、内比都。

化学成分：红瓜果实和叶含蛋白质、粗纤维、B族维生素。

药理功能：有镇痛、解热、消炎、抗菌、抗溃疡、抗糖尿病、抗氧化、降血糖、抗疟、抗血脂、抗癌、抗氧化、抗诱变等功效。

缅甸药用：治疗糖尿病。

中国应用：传统中药。块茎及全草用于解毒、消肿止痛、祛痰镇痉。外用于疮疡肿毒。

形态特征：攀缘草本；根粗壮；茎纤细，稍带木质，多分枝，有棱角，光滑无毛。叶柄细，有纵条纹，叶片阔心形，两面布有颗粒状小凸点，先端钝圆，基部有数个腺体，腺体在叶背明显，呈穴状，弯缺近圆形。卷须纤细，无毛，不分歧。雌雄异株；雌花、雄花均单生。花冠白色或稍带黄色，果实纺锤形，熟时深红色。种子黄色，长圆形，两面密布小疣点，顶端圆。

主要文献：中华本草编委会，2005a.

苦瓜 ကြက်ဟင်းခါးသီး

葫芦科

***Momordica charantia* Linnaeus**

Cucurbitaceae

中文别名：凉瓜。

食用部位：嫩梢、果实。

食用方法：嫩果、嫩梢做蔬菜食用。

分布和栽培情况：缅甸各地广泛栽培。

所见市场：曼德勒、东枝、内比都。

化学成分：富含维生素C、5-羟基色胺和多种氨基酸如谷氨酸、丙氨酸、β-丙氨酸、苯丙氨酸、脯氨酸、α-氨基丁酸、瓜氨酸、半乳糖醛酸、果胶等；含苦瓜甙。

药理功能：苦瓜水提取物给正常及患四氧嘧啶性糖尿病的家兔灌服苦瓜浆汁后，家兔血糖明显降低，提示其降血糖活性。

缅甸药用：治疗糖尿病。

中国应用：云南傣族用果实、叶治久病频渴、咽喉脓肿、疔疮疽肿。苦瓜是常见蔬菜。

形态特征：一年生攀缘状柔弱草本，多分枝；茎、枝被柔毛。叶片轮廓卵状肾形或近圆形，膜质，5~7深裂，裂片卵状长圆形，边缘具粗齿或有不规则小裂片，先端多半钝圆形稀急尖，基部弯缺半圆形，叶脉掌状。雌雄同株。花单生叶腋，苞片绿色，花冠黄色。果实纺锤形或圆柱形，多瘤皱，成熟后橙黄色。种子具红色假种皮。花果期5~10月。

主要文献：中华本草编委会，2005a.

蛇瓜 ဘုံလုံသီး

葫芦科

Trichosanthes anguina Linnaeus

Cucurbitaceae

中文别名:蛇豆。

食用部位:果实。

食用方法:焯水后蘸缅式鱼酱食用或烧烤食用。

分布和栽培情况:缅甸各地广泛栽培。

所见市场:曼德勒、仰光、内比都。

化学成分:蛇瓜含有碳水化合物、膳食纤维和维生素。

药理功能:蛇瓜提取物有降血糖活性。

缅甸药用:缅甸传统以蛇瓜根入药。用大米水把蛇瓜根洗净,和糖一起服用可治疗泌尿系统疾病。

中国应用:本种果实作为蔬菜食用,并用于治疗消渴和黄疸。根和种子具有止泻和杀虫作用。

形态特征:一年生攀缘藤本;茎纤细,多分枝,具纵棱及槽,被短柔毛及疏被长柔毛状长硬毛。叶片膜质,圆形或肾状圆形,3~7浅裂至中裂,通常倒卵形,两侧不对称;花雌雄同株;雄花组成总状花序,常有1单生雌花并生;花冠白色;果实长圆柱形,通常扭曲,幼时绿白色,具苍白色条纹,成熟时呈黄色,子长圆形。花果期夏末及秋季。

主要文献:中国科学院中国植物志编辑委员会, 2005.

葫芦　သခွားသီး

葫芦科

***Lagenaria siceraria* (Molina) Standley**　　Cucurbitaceae

中文别名：瓠瓜。

食用部位：果实。

食用方法：煮食。

分布和栽培情况：缅甸各地广泛栽培。

所见市场：曼德勒、内比都、彬马那、耶津、良乌、卑谬、仰光、东枝、格劳。

化学成分：果实中含α-D-半乳糖醛酸甲酯、3-O-乙酰甲基-α-D-半乳糖醛酸和β-D-半乳糖等。

药理功能：果实中所含的半乳糖类化合物具有抗菌活性；果肉、果实、种子能降胆固醇、降血压、降血脂，有抗糖尿病的活性；果实的甲醇提取物能降血脂，并能促进胆汁中胆盐的分泌；果实提取物有保护心脏的作用，具有抗氧化活性，并能修复线粒体损伤；果实中的α-D-半乳糖醛酸甲酯、3-O-乙酰甲基-α-D-半乳糖醛酸和β-D-半乳糖能抑制癌细胞生长；葫芦汁具有保肝作用。

缅甸药用：治疗糖尿病。

中国应用：幼嫩时可供菜用，成熟后可做容器、水瓢或儿童玩具。也作药用。

形态特征：一年生攀缘草本；茎、枝具沟纹；叶片卵状心形或肾状卵形；雌雄同株，雌花、雄花均单生；雄花花冠黄色，花梗、花萼、花冠均被微柔毛；果实初为绿色，后变白色至黄色，由于长期栽培，果形变异很大，成熟后果皮变木质。种子白色，倒卵形或三角形。花期夏季；果期秋季。

主要文献：中国药材公司，1994；Selvaraj et al.，2016.

木薯 ပီလောပီနံ

大戟科

***Manihot esculenta* Crantz**

Euphorbiaceae

中文别名：树薯。

食用部位：块根。

食用方法：块根去皮，经过切细、浸泡、漂洗、阳光暴晒等程序去毒后用于制作糕点或蒸熟食用。

分布和栽培情况：缅甸热带、亚热带部分地区栽培。

所见市场：仰光。

化学成分：根富含淀粉。茎秆及叶含有黄酮类、酚类、糖、香豆素、植物甾醇、三萜类和挥发油等。各器官中均含有生氰糖苷——亚麻苦苷(linamarin)和百脉根苷(lotaustraline)。

药理功能：所含黄酮类成分具有抗氧化、抗菌等活性。块根有毒，其中亚麻苦苷是木薯毒性的主要来源。中毒严重者可致命，需要经过严格的去毒处理方可食用。

缅甸药用：外用治疗跌打。

中国应用：我国南方热带、亚热带地区常见杂粮作物。目前作为新能源作物用来发酵生产酒精。

形态特征：直立灌木。块根圆柱状。叶近圆形，稍盾状着生，掌状深裂几达基部。圆锥花序顶生或腋生，花萼带紫红色且有白粉霜。蒴果椭圆状，具6条狭而波状纵翅；种子多少具三棱，种皮硬壳质，具斑纹，光滑。花期9~11月。

主要文献：何翠薇等，2011；韦卓文等，2014.

余甘子 ဆီးဖြူပင်

叶下珠科

Phyllanthus emblica **Linnaeus**

Phyllanthaceae

中文别名:滇橄榄。

食用部位:果实。

食用方法:酸味调料。

分布和栽培情况:缅甸热带、亚热带区域广布。栽培或野生。

所见市场:曼德勒、东枝。

化学成分:果实富含丰富的维生素C、槲皮素、没食子酸、齐墩果酸等。根部水醇提取物中含有鞣花酸、没食子酸。

药理功能:果实水提物所含的抗坏血酸和总酚,具有抗氧化活性;果实中的的槲皮素、没食子酸、齐墩果酸,具有抑菌活性;根部水醇提取物中的鞣花酸、没食子酸,具有抗氧化活性。

缅甸药用:抗衰老、失眠等,为阿育吠陀药"三果"之一的"阿摩洛迦"。

中国应用:多用途。果实食用,生津止渴,润肺化痰,解毒。树根和叶药用,解热清毒,治皮炎、湿疹、风湿痛等。叶晒干可作枕芯用料。种子含油量16%,可制肥皂。树皮、叶、幼果可提制栲胶。木材为农具和家具用材,薪炭柴。可作干热区造林先锋树种。

形态特征:乔木,树皮浅褐色;枝条具纵细条纹,被黄褐色短柔毛。叶片纸质至革质,顶端截平或钝圆;多朵雄花和1朵雌花或全为雄花组成腋生的聚伞花序;蒴果呈核果状,圆球形,外果皮肉质,绿白色或淡黄白色,内果皮硬壳质;种子略带红色。花期4~6月;果期7~9月。

主要文献:贾敏如,李星炜,2005;Chaphalkar et al.,2017;唐春红等,2009.

守宫木 ရိုးမဟင်းရွက်

叶下珠科

***Sauropus androgynus* (Linnaeus) Merrill**

Phyllanthaceae

中文别名:甜菜。

食用部位:叶。

食用方法:做汤。

分布和栽培情况:多分布于掸邦。栽培。

所见市场:东枝。

化学成分:种子含油21.5%,以不饱和脂肪酸为主,占80%,其中α-亚麻酸占51.4%;叶脂质中的棕榈酸含量高达30%。

药理功能:α-亚麻酸具有抗血栓和降血脂、预防癌变和抑制癌细胞转移、抑制变态性病症、维持大脑和神经等功能,长期食用具有抗衰老功效。

缅甸药用:根治痢疾便血、腹痛经久不愈、淋巴结炎。

中国应用:当蔬菜食用。入药具有清凉去热、消除头痛、降低血压等功效。

形态特征:灌木,小枝绿色,长而细,幼时上部具棱,老渐圆柱状;全株均无毛。叶片近膜质或薄纸质,卵状披针形、长圆状披针形或披针形,顶端渐尖,基部楔形、圆或截形;雄花1~2朵腋生,雌花通常单生于叶腋。蒴果扁球状或圆球状,乳白色,宿存花萼红色;种子三棱状,黑色。花期4~7月;果期7~12月。

主要文献:廖学焜,李用华,1996.

西印度醋栗 ကွယျပုဂျဆီးဖွ

叶下珠科

Phyllanthus acidus **(Linnaeus) Skeels**

Phyllanthaceae

中文别名:酸油柑。

食用部位:果实。

食用方法:直接食用。

分布和栽培情况:缅甸热带、亚热带地区栽培。

所见市场:东枝、昔胜。

化学成分:富含维生素C。含有倍半萜为主的萜类成分以及小分子水解丹宁酸。

药理功能:所含倍半萜具有较好的降血压功效,还具有抗乙肝病毒和细胞毒等活性。

缅甸药用:口服水煎煮液可治疗高血压、糖尿病、肝病;根可用来治疗酒精中毒;水煮液(水提液)沐浴可治疗水痘、疱疹、痂疹。

中国应用:云南南部有引种栽培,生食或制造果酱、果汁,或是腌制后食用。

形态特征:常绿灌木或小乔木,树高2~5米。叶全缘,互生,先端尖,卵形或椭圆形,长2~8厘米,宽1~4厘米。穗状花序,花红色或粉红色。果实外皮淡黄色,呈扁球形,6~8个角,每颗果实有4~6个种子。

主要文献:凌雪等, 2015.

欧菱 ကွဲခြေါ်ျးသီးပျ

千屈菜科

***Trapa natans* Linnaeus**

Lythraceae

中文别名：菱角。

食用部位：果实。

食用方法：煮食。

分布和栽培情况：广布于缅甸各地湖泊。栽培或逸生。

所见市场：曼德勒、东枝、仰光、内比都。

化学成分：富含淀粉、蛋白质、葡萄糖、脂肪，以及多种维生素和矿物质。含菱角多糖包括葡萄糖、半乳糖、甘露糖和木糖，β-谷固醇，酚类物质，咖啡酸，没食子酸。

药理功能：所含酚类物质具有抗氧化活性；没食子酸及其酯具有神经保护作用；多糖有免疫调节功能，可作为广谱免疫促进剂。

缅甸药用：补充营养。

中国应用：幼嫩时可当水果生食，老熟果可熟食或加工制成菱粉，风干制成风菱可贮藏以延长供应，菱叶可做青饲料或者绿肥。

形态特征：一年生浮水水生草本植物；根二型：着泥根细铁丝状，生水底泥中；同化根，羽状细裂，裂片丝状，绿褐色；茎柔弱，分枝。叶二型：浮水叶互生，聚生于主茎和分枝茎顶端，形成莲座状菱盘，叶片三角形状菱圆形，表面深绿色，背面绿色带紫；叶边缘中上部具齿状缺刻或细锯齿，沉水叶小，早落；花小，单生于叶腋，白色；果三角菱形，具4刺角，2腰角向下伸，刺角扁锥状。

主要文献：梁锦丽，2009；牛风兰等，2009.

水龙 လေးညပျံကြီး

柳叶菜科

Ludwigia adscendens (Linnaeus) H. Hara

Onagraceae

中文别名：玉钗草。

食用部位：嫩梢。

食用方法：焯水后做沙拉直接食用。

分布和栽培情况：克钦邦、实皆省、掸邦、仰光省。多分布于湿地。

所见市场：东枝茵莱湖。

化学成分：含有棕榈酸(hexadecanoic acid)、β-谷甾醇(β-sitosterol)、白桦脂酸(bentulinic acid)、没食子酸(gallic acid)、熊果酸(ursolic acid)、槲皮素-3-O-α-L-鼠李糖苷(quercetin-3-O-α-L - rhamnose)和齐墩果酸(oleanolic acid)。

药理功能：嫩梢水提取物对葡萄球菌等具有广谱抗菌活性。

缅甸药用：治疗痢疾。

中国应用：传统中药。甘，寒。清热利尿、消肿解毒。用于治疗暑热烦渴、咽喉肿痛、痢疾、热淋、膏淋、带状疱疮、痈疽疔疮、毒蛇咬伤。

形态特征：多年生浮水或上升草本，浮水茎节上常簇生圆柱状或纺锤状白色海绵状贮气的根状浮器，具多数须状根；叶倒卵形、椭圆形或倒卵状披针形，先端常钝圆，有时近锐尖，基部狭楔形，花单生于上部叶腋；花瓣乳白色，基部淡黄色，倒卵形，蒴果淡褐色，圆柱状，具10条纵棱，种子淡褐色，牢固地嵌入木质硬内果皮内，椭圆状。果期8~11月。

主要文献：Ahmed et al., 2005.

杧果 သရက်သီး

漆树科

Mangifera indica **Linnaeus**

Anacardiaceae

食用部位:未成熟果实。

食用方法:切片蘸鱼酱或直接做沙拉食用。

分布和栽培情况:广布于缅甸热带地区。栽培或逸生。

所见市场:曼德勒、良乌、东枝、卑谬、仰光。

化学成分:含有β-胡萝卜素,维生素A、B_2、B_6,C等。果肉主要含糖类、有机酸类、类胡萝卜素,以及挥发性成分。糖类成分有果糖、葡萄糖和蔗糖;有机酸类成分有草酸、酒石酸、奎尼酸、苹果酸、抗坏血酸、乳酸、酮戊二酸、柠檬酸、富马酸、琥珀酸和没食子酸;类胡萝卜素成分有堇菜黄素、胡萝卜素、叶黄素和番茄红素;挥发性成分有萜品油烯、月桂烯、丁酸丁酯、反式β-罗勒烯、β-水芹烯、α-古巴烯、α-萜品烯等。

药理功能:杧果中的有机酸类有健胃消食的功效,杧果叶水提取物有较好的抗菌活性。杧果中含有致敏性蛋白、果胶、醛酸,会对皮肤黏膜产生刺激而引发过敏。吃完杧果后,需用清水将黏附在皮肤上的杧果汁清洗干净。

缅甸药用:治疗痢疾。

中国应用:为热带水果,可制罐头和果酱或腌制供调味,亦可酿酒。果皮入药,为利尿峻下剂,也可用于缓解晕船症状;果核疏风止咳。叶和树皮可作黄色染料。

形态特征:常绿大乔木。叶薄革质,常集生枝顶,叶形和大小变化较大,通常为长圆形或长圆状披针形,边缘皱波状;圆锥花序多花密集;花瓣长圆形或长圆状披针形,开花时外卷;核果大,肾形,压扁,成熟时黄色,中果皮肉质,肥厚,鲜黄色,味甜,果核坚硬。

主要文献:贾敏如,李星炜,2005;陈仪新等,2015.

槟榔青 ဂွေးသီး

漆树科

***Spondias pinnata* (Linnaeus f.) Kurz**

Anacardiaceae

中文别名:嘎哩啰。

食用部位:果实。

食用方法:将鲜果捣碎放入调味酱,用作酸味调料。

分布和栽培情况:分布于缅甸部分热带、亚热带地区。栽培或野生。

所见市场:曼德勒、东枝茵莱湖、格劳镇。

化学成分:槟榔青茎皮含有木栓酮、木栓醇、黏霉-5-烯-3-醇、24-亚甲基环木波罗醇、胡萝卜苷、谷甾醇、2,6-二羟基-3,4-二甲基苯甲酸甲酯、(10Z)-正十七烷-10-烯-1-醇、二十八烷醇、三十烷醇等化合物。

药理功能:果实和叶的提取物具有抗氧化、抗炎、降脂、抗肿瘤等活性。

缅甸药用:开胃助消化。

中国应用:云南西双版纳傣族作为酸味调料食用。传统中药用于镇心安神、清热解毒、止咳化痰、消肿止痛。

形态特征:落叶乔木,高10~15米,小枝粗壮,黄褐色,无毛,具小皮孔。叶互生,奇数羽状复叶。有小叶2~5对,小叶对生,薄纸质,卵状长圆形或椭圆状长圆形,先端渐尖或短尾尖,基部楔形或近圆形,多少偏斜,全缘,略背卷,两面无毛,侧脉斜升,密而近平行,在边缘内彼此连接成边缘脉。圆锥花序顶生,花小,白色;花瓣卵状长圆形,先端急尖,内卷,无毛。核果椭圆形或椭圆状卵形,成熟时黄褐色。花期3~4月;果期5~9月。

主要文献:中国科学院中国植物志编辑委员会, 2005; 胡祖艳等, 2014.

三叶漆 ခရေပြုးဗရူ

漆树科

Terminthia paniculata **(Wallich ex G. Don) C. Y. Wu & T. L. Ming** Anacardiaceae

中文别名：扁果。

食用部位：果实。

食用方法：直接食用或用作酸味调料。

分布和栽培情况：钦邦、克钦邦、马圭省、曼德勒省、实皆省、掸邦。

所见市场：实皆市。

化学成分：果实富含有机酸和维生素C。乙醇提取物含三叶漆苷元A、E和H。

药理功能：三叶漆苷元A、E和H有抑制黄嘌呤氧化酶活性，可作为治疗痛风性关节炎的潜在药物。

缅甸药用：治疗痢疾、痛风性关节炎。

中国应用：传统草药（扁果），主要用于治疗扁桃腺炎、风湿性关节炎、消化不良等病症。

形态特征：灌木或小乔木。掌状3小叶，全缘或略成浅波状。圆锥花序顶生或生于上部叶腋，花淡黄色。核果近球形，略压扁。径约4毫米，外果皮橙红色，无毛，具光泽，与中果皮分离，中果皮暗红色胶质。

主要文献：杨通华，2016.

来檬　သံပုရာသီး

芸香科

***Citrus×aurantiifolia* (Christmann) Swingle**

Rutaceae

中文别名:青柠。

食用部位:果实。

食用方法:制作饮料,用作酸味调料。

分布和栽培情况:缅甸热带、亚热带地区栽培。

所见市场:曼德勒、内比都、仰光、东枝。

化学成分:富含维生素C,每100毫升果汁含量达50毫克;含有芦丁、新橙皮苷、橙皮苷和橙皮素,以及柠檬苦素类似物。

药理功能:所含芦丁、新橙皮苷、橙皮苷和橙皮素,以及柠檬苦素类似物,对人体胰腺癌细胞具有显著的抑制作用。

缅甸药用:治疗消化不良。

中国应用:云南省热带、亚热带地区常用于制作“柠檬干巴”“柠檬鸡”“柠檬鱼”等食品和“柠檬水”饮料。

形态特征:小乔木。分枝多不规则,刺粗而短。叶稍硬,有短小但明显的翼叶;叶片阔卵形或椭圆形,叶缘有细钝裂齿。总状花序,有花多达7朵,稀单花腋生;花萼浅杯状,白色。果顶有乳头状短突尖,果皮薄,平滑,淡黄绿色,油胞凸起,瓢囊9~12瓣,果肉味甚酸。来檬是世界柑橘类水果中的四大主要栽培种之一。果作为食品酸味剂,常被讹称为“柠檬”,它和柠檬是完全不同的物种,本种通常被称为“青柠檬”,而柠檬则被称为“黄柠檬”。花期3~5月;果期9~10月。

主要文献:蒋俊兰等, 1987; 尹伟等, 2015.

箭叶橙　တာတေရ တေကျခါး

芸香科

Citrus hystrix **Candolle**

Rutaceae

中文别名:泰国青柠。

食用部位:果实。

食用方法:用作酸味调料和柠檬味香料。

分布和栽培情况:克钦邦、孟邦、德林达依省。

所见市场:仰光。

化学成分:含有丹宁酸、生育酚、维生素E、黄酮类等功能性成分。

药理功能:鲜果汁对酪氨酸酶、乙酰胆碱酯酶和β-葡萄糖醛酸酶具有很强的抑制作用。所含黄酮类和酚类物质,具有很强的抗氧化活性。

缅甸药用:清火解毒、消肿止痛、润肺止咳。

中国应用:做饮料、调料、香精、干果茶等。

形态特征:小乔木,枝具长硬刺,幼枝扁而具棱,老枝近圆柱状。单身复叶,油点多,厚纸质,叶身及翼叶边缘有细钝裂齿,叶身卵形,顶部短狭尖或短尖,基部阔楔尖或近于圆,中脉在叶面稍凸起;翼叶顶端中央稍凹或截平,倒卵状菱形,基部狭楔尖,侧脉在叶背颇明显,干后叶面的油点凹陷。果近圆球形而稍长,果顶端短乳头状突尖,果皮较平滑,中心柱结实。

主要文献:Patil et al., 2009.

香橼 ၅ ဘော့ရ

芸香科

***Citrus medica* Linnaeus**

Rutaceae

食用部位：果实、嫩梢。

食用方法：叶片做沙拉和汤的调味香料，果实做沙拉。

分布和栽培情况：缅甸热带、亚热带地区栽培。

所见市场：曼德勒。

化学成分：果实含有类胡萝卜素、维生素E、维生素C，以及柠檬苦素、香豆素和氧杂萘邻酮。

药理功能：提取物具有体内抗氧化活性。所含柠檬苦素能抑制口腔癌，香豆素和氧杂萘邻酮具有抗菌和升血压的作用。

缅甸药用：治疗消化不良。

中国应用：香橼的栽培史在中国已有两千余年。东汉时杨孚《异物志》（公元1世纪后期）称之为枸橼。唐、宋以后，多称之为香橼。香橼是传统中药，其干片有清香气，味略苦而微甜，性温，无毒。理气宽中，消胀降痰。

形态特征：不规则分枝的灌木或小乔木。新生嫩枝、芽及花蕾均暗紫红色，茎枝多刺。单叶，稀兼有单身复叶，则有关节，但无翼叶；叶柄短，叶片椭圆形或卵状椭圆形。总状花序，有时兼有腋生单花；花两性，子房圆筒状，花柱粗长，柱头头状，果椭圆形、近圆形或两端狭的纺锤形，重可达2千克，果皮淡黄色，内皮白色或略淡黄色，爽脆，味酸或略甜，有香气；种子小，平滑，多或单胚。花期4~5月；果期10~11月。

主要文献：Abirami, 2014；刘春菊等，2016；Mitropoulou et al., 2017.

木苹果 သနပ်ခါး

芸香科

Limonia acidissima **Groff**

Rutaceae

中文别名:檀纳卡。

食用部位:果实。

食用方法:做果汁或酸味调料。

分布和栽培情况:马圭省、曼德勒省。

所见市场:马圭、曼德勒。

化学成分:果实含果酸、维生素和矿物质。木苹果含有柠檬苦素类化合物。

药理功能:木苹果树皮、叶和果实提取物具有抗氧化活性,叶提取物具有杀蚊活性,果实提取物具有抗乳腺癌细胞活性。树皮是缅甸著名传统护肤品“檀纳卡”的原材料之一。

缅甸药用:净化血液,治疗炎症、出血等。

中国应用:可制作果汁和果茶。

形态特征:冬季落叶小乔木。树皮灰白色,不裂,刺劲直,斜向上生。叶有小叶5~7片,小叶无柄,倒卵形或卵形,长2.5~4厘米,宽1~2.5厘米,顶端圆,常凹头,基部楔尖,全缘,成长叶无毛;叶轴通常有略明显的翼叶。花甚多,细小;花梗短而纤细,被短柔毛;花萼在花后常脱落;花瓣卵形,扩展;雄蕊7~12枚,花药甚大,花盘被毛,花柱甚短。果径5~6厘米,果皮木质,粗糙,果肉味酸甜;种子长圆形而略扁,有棉质毛。花期2~3月。

主要文献:Wangthong et al., 2010; Banerjee et al., 2011; Pradhan et al., 2012.

调料九里香 ပြည်းတော်သိမ်း

芸香科

***Murraya koenigii* (Linnaeus) Sprengel**

Rutaceae

中文别名:咖喱叶。

食用部位:叶。

食用方法:用作调味香草。

分布和栽培情况:缅甸热带、亚热带地区栽培。

所见市场:曼德勒。

化学成分:含有咔唑类生物碱。

药理功能:生物活性物质为咔唑类生物碱,有降血糖、保护肝、降血脂、抗氧化、清除自由基、抗菌和其他生物活性。

缅甸药用:治疗寄生虫病。

中国应用:中医用于镇静、消炎。

形态特征:灌木或小乔木,嫩枝有短柔毛。小叶斜卵形或斜卵状披针形,生于叶轴最下部的通常阔卵形且较细小,基部钝或圆,一侧偏斜,两侧甚不对称,叶轴及小叶两面中脉均被短柔毛,很少仅在中脉下半部有稀疏短毛,全缘或叶缘有细钝裂齿,油点干后变黑色。近于平顶的伞房状聚伞花序,通常顶生,花甚多;花蕾椭圆形;花白色,嫩果长卵形,成熟时长椭圆形,或间有圆球形,蓝黑色;种皮薄膜质。花期3~4月;果期7~8月。

主要文献:中华本草编委会, 2005a.

印楝 တမာပင်

楝科

***Azadirachta indica* A. Juss**

Meliaceae

中文别名:印度苦楝。

食用部位:嫩梢、树胶。

食用方法:叶片与酸角一起煮去除苦味后做沙拉食用。作为文化植物,在祭祀活动中少量咀嚼,味道极苦,寓意“无常之苦”。

分布和栽培情况:广布于缅甸中部干热区。栽培或野生。

所见市场:曼德勒、东枝、仰光、内比都。

化学成分:新鲜印楝叶干粉中含蛋白质7.1%、脂肪1.0%、纤维素6.2%、糖类22.9%、矿物质3.4%、钙510毫克/100克、磷80毫克/100克、铁17毫克/100克、维生素B10.04毫克/100克、烟酸1.40毫克/100克、维生素C218毫克/100克、胡萝卜素1998毫克/100克、热能值1290千卡/千克、谷氨酸73.30毫克/100克、酪氨酸31.50毫克/100克、天冬氨酸15.50毫克/100克、丙氨酸6.40毫克/100克、脯氨酸4.00毫克/100克、谷氨酸盐1.00毫克/100克。目前已从印楝中分离并鉴定出protolimonoids, limonoids或tetranortriterpenoids, pentanortriterpenoids, hexanortriterpenoids和nonterpenoid等上百种活性成分,其中最重要的是印楝素。

药理功能:印楝提取物具有抗寄生虫、抗氧化、抗癌、抗细菌、抗病毒、抗真菌、抗溃疡、杀精、抗着床、抗糖尿病、调节免疫、杀软体动物和杀虫等生物活性,近年来越来越多地被研究用于蝗灾防治。其中nimbin, nimbinin和nimbidin为主要活性抗虫抗菌成分。

缅甸药用:印楝是传统缅甸医学中重要的药用植物,用于治疗寄生虫病、腹泻、癌症等。

中国应用:云南省元江县已经引种成功,印楝中提取的“印楝素”被用来作为生物农药。

形态特征:落叶乔木,高15~20米。树皮暗褐色,纵裂,老枝紫色,有多数细小皮孔。二至三回奇数羽状复叶互生;小叶卵形至椭圆形,先端长尖,基部宽楔形或圆形,边缘有钝尖锯齿,上面深绿色,下面淡绿色,幼时有星状毛,稍后除叶脉上有白毛外,余均无毛。圆锥花序腋生或顶生;花淡紫色;花萼5裂,裂片披针形,两面均有毛;花瓣5,倒披针形;雄蕊管通常暗紫色;子房上位。核果圆卵形或近球形,淡黄色。花期4~5月;果期10~11月。

主要文献:Biswas et al., 2002; 侯有明等, 2002; 钟平, 1995.

木棉 လက္ပံပင္

锦葵科

***Bombax ceiba* Linnaeus**

Malvaceae

中文别名: 攀枝花。

食用部位: 花。

食用方法: 焯水后做沙拉食用。

分布和栽培情况: 广布于缅甸热带地区。

所见市场: 曼德勒、东枝。

化学成分: 鲜花中含有膳食纤维、蛋白质、β-胡萝卜素等。主要次生代谢产物包括黄酮类、有机酸类、甾体类、三萜类、香豆素类等。

药理功能: 黄酮类、有机酸类、甾体类、三萜类、香豆素类等具有镇痛、抗炎、抗氧化、抗菌消炎、保肝等药理活性。

缅甸药用: 治疗腹泻,也是传统“长生方”的配方成分之一。

中国应用: 花食用,入药清热除湿;根皮治风湿跌打;树皮为滋补药。果内绵毛用途如棉花。种子油作润滑油。木材轻软。栽培为观赏树。

形态特征: 落叶大乔木,幼树的树干通常有圆锥状的粗刺。掌状复叶。花单生枝顶叶腋,通常红色,有时橙红色。蒴果长圆形。花期3~4月;果夏季成熟。

主要文献: 中国科学院中国植物志编辑委员会, 2005; 李旭森等, 2015.

咖啡黄葵 ရုံးပတီသီး

锦葵科

***Abelmoschus esculentus* (Linnaeus) Moench**

Malvaceae

中文别名:秋葵。

食用部位:果实。

食用方法:直接食用或焯水后蘸缅式鱼酱食用。

分布和栽培情况:广泛栽培于缅甸热带、亚热带地区。

所见市场:曼德勒、东枝、东枝茵莱湖、宾德亚、格劳、和榜、昂班、黑河、彬龙、莱林、南桑、昔胜、木姐。

化学成分:含有蛋白质、脂肪、碳水化合物、丰富的维生素,以及钙、磷、铁、锌和硒等微量元素。秋葵黏液为由鼠李糖、阿拉伯糖、D-木糖、D-葡萄糖等单元构成的多糖。

药理功能:所含多糖具有降脂、降糖、抗应激、抗疲劳等生理活性。种子提取物对小鼠有一定的抗疲劳作用,且不含咖啡因。秋葵成熟种子中含有毒性成分棉酚,不宜食用。

缅甸药用:传统滋补剂。

中国应用:传统中药。根止咳;树皮通经,用于月经不调;种子催乳,用于乳汁不足。全株清热解毒,润燥滑肠。

形态特征:一年生草本,茎圆柱形,疏生散刺。叶掌状分裂,边缘具粗齿及凹缺,两面均被疏硬毛;花单生于叶腋间,花梗疏被糙硬毛;小苞片疏被硬毛;花萼钟形,较长于小苞片,密被星状短绒毛;花黄色,内面基部紫色,花瓣倒卵形。蒴果筒状尖塔形,顶端具长喙,疏被糙硬毛;种子球形,多数,具毛脉纹。花期5~9月。

主要文献:闵莉静,李敬芬,2013.

玫瑰茄 ခြုပ်ချဉ်

锦葵科

Hibiscus sabdariffa **Linnaeus**

Malvaceae

中文别名:洛神花。

食用部位:花萼、嫩梢。

食用方法:花萼和嫩梢做蔬菜食用;花萼常和香料一起舂碎做沙拉,嫩梢用来做汤。嫩梢味酸,是缅式酸汤的必需材料。

分布和栽培情况:缅甸热带区域广泛栽培,尤以中部多见。

所见市场:曼德勒、东枝、仰光、内比都。

化学成分:新鲜花萼富含维生素C和B族维生素、氨基酸、有机酸、黄酮类、花青苷类等多种成分。

药理功能:具有消除疲劳、清热解暑、降压、平喘、解毒、利尿等药理作用。

缅甸药用:开胃、解暑、清凉。

中国应用:云南傣族用花萼和总苞治疗高血压、中暑、咳嗽。云南德宏傣族用玫瑰茄嫩茎叶煮特色"酸帕菜"和杂菜汤。

形态特征:一年生直立草本,茎淡紫色。叶异型,下部的叶卵形,不分裂,上部的叶掌状3深裂,裂片披针形,具锯齿,先端钝或渐尖,基部圆形至宽楔形,两面均无毛。花单生于叶腋,花萼杯状,淡紫色,花黄色,内面基部深红色。种子肾形,无毛。花期夏秋间。

主要文献:中华本草编委会, 2005a.

大麻槿　ခပြုပေါချါး

锦葵科

Hibiscus cannabinus **Linnaeus**

Malvaceae

中文别名：红麻。

食用部位：嫩梢。

食用方法：做沙拉或做汤。

分布和栽培情况：缅甸中部干热地区栽培。

所见市场：曼德勒、内比都。

化学成分：未见相关报道。

药理功能：未见相关报道。

缅甸药用：清理肠胃。

中国应用：我国黑龙江、辽宁、河北、江苏、浙江、广东和云南等省栽培。茎皮纤维柔软，韧度大，富弹性，是供织麻袋、麻布、渔网和搓绳索等的上好原料。

形态特征：一年生或多年生草本，茎直立，无毛，疏被锐利小刺。叶异型，下部的叶心形，不分裂，上部的叶掌状3~7深裂，裂片披针形。花单生于枝端叶腋间，花大，黄色，内面基部红色，花瓣长圆状倒卵形，蒴果球形，种子肾形。花期秋季。

主要文献：中国科学院中国植物志编辑委员会，2005.

辣木 ဒန့်သလွန်

辣木科

Moringa oleifera **Lamarck**

Moringaceae

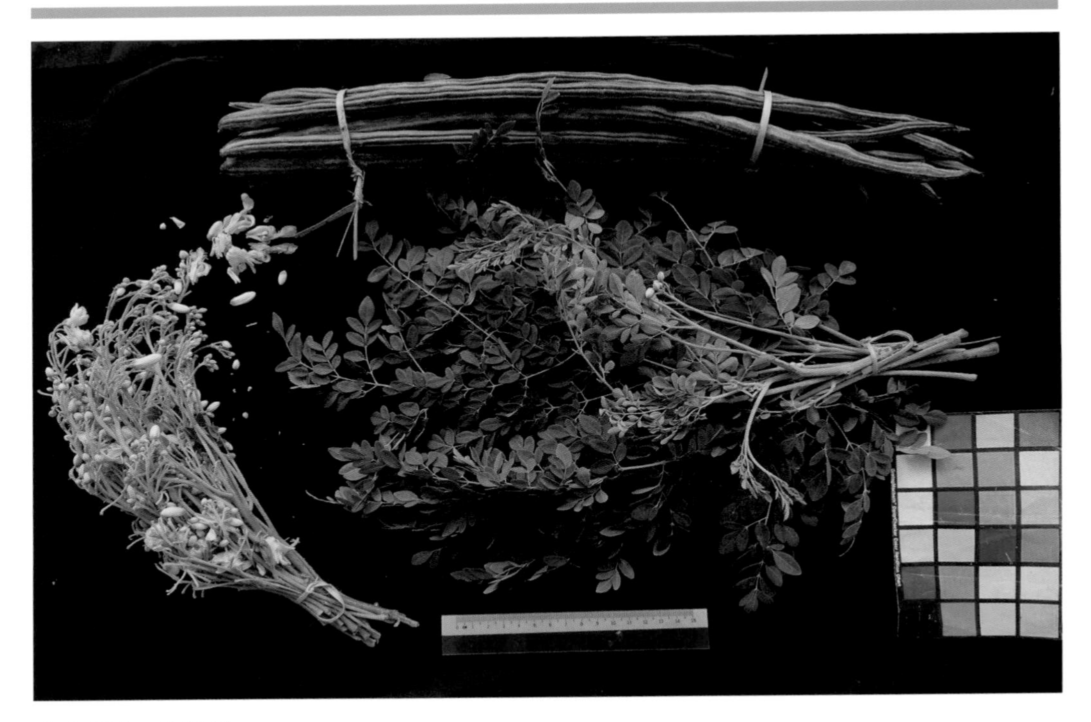

中文别名：鼓槌树。

食用部位：果荚、叶、种子。

食用方法：叶做汤，嫩果荚炒食或油煎。

分布和栽培情况：主要分布于中部干热区域。栽培。

所见市场：曼德勒、仰光。

化学成分：富含矿质元素、氨基酸、蛋白质、维生素、β-胡萝卜素、玉米素、花青素、β-谷甾醇、洋蓟酸、山柰酚、芥子油苷、异硫氰酸酯和酚类化合物。

药理功能：辣木果荚具有降血压、降血脂和利尿，以及抗菌、抗炎、抗肿瘤、抗痉挛、保肝等多种功能。

缅甸药用：用于治疗高血压，以及妇女产后滋补。

中国应用：通常栽培供观赏；根、叶和嫩果亦可食用。种子油可作为高级钟表润滑油和香水定香剂。

形态特征：乔木。树皮软木质；枝有明显的皮孔及叶痕，小枝有短柔毛；根有辛辣味。叶通常为3回羽状复叶，羽片的基部具线形或棍棒状稍弯的腺体。花具梗，白色，芳香。蒴果细长，下垂，3瓣裂；种子近球形，有3棱，每棱有膜质的翅。花期全年；果期6~12月。

主要文献：Anwar et al., 2007.

番木瓜　သင်္ဘောသီး

番木瓜科

***Carica papaya* Linnaeus**

Caricaceae

中文别名:木瓜。

食用部位:花序、嫩果。

食用方法:做沙拉食用。

分布和栽培情况:常见于缅甸热带、亚热带地区。栽培。

所见市场:东枝。

化学成分:果肉中含蔗糖、葡萄糖、果糖,富含维生素C、维生素B_1、芦丁、胡萝卜素、钙、磷、铁,以及番木瓜蛋白酶、凝乳酶、番木瓜碱等。种子中含有异硫氰酸苄酯(benzyliso-thiocyanate)。

药理功能:番木瓜蛋白酶、凝乳酶、番木瓜碱有调节人体酸碱平衡、抗癌作用。番木瓜籽粒中含有具有特殊的药理作用的异硫氰酸苄酯,可用来作驱虫剂、避孕药、动脉收缩剂等。

缅甸药用:治疗消化不良、跌打损伤,以及消灭寄生虫等。

中国应用:番木瓜果实加工果汁、果奶、果酒等饮料。云南傣族群众用来制作传统菜肴"舂木瓜",为西双版纳的特色民族菜。

形态特征:常绿软木质小乔木,具乳汁。茎不分枝或有时于损伤处分枝,具螺旋状排列的托叶痕。叶大,聚生于茎顶端,近盾形,通常5~9深裂,每裂片再羽状分裂。花单性或两性,雄花排列成圆锥花序,下垂,花冠乳黄色;雌花单生或由数朵排列成伞房花序,着生叶腋内,花冠乳黄色或黄白色;两性花着生于近子房基部极短的花冠管上,或为10枚着生于较长的花冠管上,排列成2轮。浆果肉质,成熟时橙黄色或黄色,长圆球形;种子多数,卵球形,成熟时黑色,外种皮肉质,内种皮木质,具皱纹。花果期全年。

主要文献:袁志超, 汪芳安, 2006.

家独行菜 ထမင်းချဉ်

十字花科

***Lepidium sativum* Linnaeus**

Brassicaceae

中文别名:英菜。

食用部位:全株。

食用方法:煮汤食用。

分布和栽培情况:多见于掸邦。栽培。

所见市场:东枝。

化学成分:种子中含有大量的挥发油和脂肪油类,以及异鼠李素3-0-β-D-吡喃葡萄糖苷。

药理功能:种子中的异鼠李素3-0-β-D-吡喃葡萄糖苷对HL-60细胞株(人早幼粒白血病细胞)有细胞毒活性。

缅甸药用:治疗寄生虫病。

中国应用:药用地上部分;水煎液浓缩物制成干糖浆,用于治疗肠炎、腹泻及细菌性痢疾。

形态特征:一年或二年生草本。基生叶窄匙形,一回羽状浅裂或深裂,茎上部叶线形,有疏齿或全缘。总状花序;花瓣不存或退化成丝状。短角果近圆形或宽椭圆形,扁平,顶端微缺,上部有短翅。种子椭圆形,平滑,棕红色。花果期5~7月。

主要文献:朱建玲等, 2015.

豆瓣菜 ေတာင္ၾကၽြက လေး

十字花科

***Nasturtium officinale* R. Brown**

Brassicaceae

中文别名:西洋菜。

食用部位:全株。

食用方法:炒食。

分布和栽培情况:钦邦、曼德勒省、实皆省、德林达依省、仰光省。

所见市场:曼德勒、内比都。

化学成分:富含维生素A、C、D,蛋白质,脂肪、糖类,无机盐类,以及苯乙基异硫氰酸酯。

药理功能:该物种50%乙醇和水提取物对血小板有抗聚集作用。苯乙基异硫氰酸酯(PEITC)为葡萄糖苯乙基异硫氰酸酯的酶解产物,对肺癌、胃癌、食道癌和结肠癌细胞有杀伤作用。

缅甸药用:治疗气管炎、泌尿系统炎症、疔毒痈肿、皮肤瘙痒及促进新陈代谢。

中国应用:当蔬菜食用;全草也可药用,有解热、利尿的功效。

形态特征:多年生水生草本,全体光滑无毛。茎匍匐或浮水生,多分枝,节上生不定根。单数羽状复叶宽卵形、长圆形或近圆形,顶端1片较大,钝头或微凹,近全缘或呈浅波状,基部截平,侧生小叶与顶生的相似,基部不等称,叶柄基部成耳状,略抱茎。总状花序顶生,花多数,花瓣白色,倒卵形或宽匙形,具脉纹,顶端圆,基部渐狭成细爪。长角果圆柱形而扁。种子卵形,红褐色,表面具网纹。花期4~5月;果期6~7月。

主要文献:杨乾展等,2008.

藜 ꩺꩫꩡ

苋科

Chenopodium album **Linnaeus**

Amaranthaceae

中文别名:灰灰菜。

食用部位:嫩叶。

食用方法:叶焯水后,与洋葱、花生米搭配制作沙拉。

分布和栽培情况:主要分布于缅甸中部。

所见市场:东枝。

化学成分:含钾、钙、钠、磷、镁、铁、铜、锌等多种矿质元素,维生素C和β-胡萝卜素。次生代谢产物主要为生物碱、香豆素类化合物、多酚类化合物。

药理功能:生物碱、香豆素类化合物、多酚类化合物具有抗氧化和抗菌活性。另含植酸,为抗营养因子,不可过量食用。

缅甸药用:清理肠胃。

中国应用:幼苗作蔬菜,茎叶可喂家畜。全草又可入药,能止泻痢,止痒,可治痢疾腹泻;配合野菊花煎汤外洗,治皮肤湿毒及周身发痒。果实(称"灰藋子"),有些地区代"地肤子"做药用。

形态特征:一年生草本。茎直立,具条棱及绿色或紫红色色条,多分枝;枝条斜升或开展。叶片菱状卵形至宽披针形,上面通常无粉,下面有粉,边缘具不整齐锯齿。花两性,花簇于枝上部排列成圆锥状花序。果皮与种子贴生。种子横生,双凸镜状。花果期5~10月。

主要文献: Yadav, Sehgal, 1997; Pandey, Gupta, 2014; Jan et al., 2017.

马齿苋 မြင်းခွာပင်

马齿苋科

Portulaca oleracea **Linnaeus**

Portulacaceae

中文别名:瓜子菜。

食用部位:全株。

食用方法:直接做沙拉食用。

分布和栽培情况:克钦邦、曼德勒省、仰光省。

所见市场:东枝。

化学成分:含有维生素A、B族维生素和维生素C,以及ω-3脂肪酸等。全草含有大量去甲肾上腺素和丰富的钾盐;另含有多巴和多巴胺;也有生物碱、香豆精、黄酮、强心甙和蒽甙等。

药理功能:马齿苋的水溶性和脂溶性提取物能延长四氧嘧啶所致严重糖尿病大鼠和兔的生命,但不影响血糖水平,这说明马齿苋提取物可改善脂质代谢的紊乱。

缅甸药用:治疗糖尿病。

中国应用:我国南北各地均产。性喜肥沃土壤,耐旱亦耐涝,生命力强,生于菜园、农田、路旁,为田间常见杂草。广布于全世界温带和热带地区。

形态特征:一年生草本,全株无毛。茎平卧或斜倚,伏地铺散,多分枝,圆柱形,淡绿色或带暗红色。叶互生,有时近对生,叶片扁平,肥厚,倒卵形,似马齿状,顶端圆钝或平截,有时微凹,基部楔形,全缘,上面暗绿色,下面淡绿色或带暗红色,中脉微隆起;叶柄粗短。花无梗,花瓣黄色,倒卵形,顶端微凹,基部合生;蒴果卵球形,种子细小。花期5~8月;果期6~9月。

主要文献:中华本草编委会, 2005a.

普洱茶 လက်ဘက်ရွက်

山茶科

***Camellia sinensis* var. *assamica* (J. W. Masters) Kitamura** Theaceae

中文别名:大叶茶。

食用部位:新鲜、干制或腌制嫩叶。

食用方法:嫩叶煮食或制作沙拉;发酵后制成酸茶叶。酸茶是缅甸特色菜之一。

分布和栽培情况:掸邦、克钦邦。栽培或野生。

所见市场:曼德勒、东枝、仰光、内比都。

化学成分:茶叶含有维生素和矿物质、功能性氨基酸,以及茶多酚等。

药理功能:茶多酚类,具有抗氧化、抗炎、抗菌等活性。

缅甸药用:解暑,除热气。

中国应用:云南西南部布朗族也用新鲜普洱茶嫩叶发酵制作特色酸茶叶食用。

形态特征:乔木,高达16米,胸径90厘米,嫩枝有微毛,顶芽有白柔毛。叶薄革质,椭圆形,先端锐尖,基部楔形,上面干后褐绿色,略有光泽,下面浅绿色,中肋上有柔毛,其余被短柔毛,老叶变秃;侧脉8~9对,在上面明显,在下面突起,网脉在上下两面均能见,边缘有细锯齿,叶柄被柔毛。花腋生,被柔毛。蒴果扁三角球形。

主要文献:中国科学院中国植物志编辑委员会, 2005.

海滨木巴戟 ရှကျယိုသီး

茜草科

***Morinda citrifolia* Linnaeus**

Rubiaceae

中文别名：诺丽。

食用部位：果实、嫩梢、嫩叶。

食用方法：果实做水果食用或发酵成果酒；嫩梢嫩叶做蔬菜食用，煮食或炒食。

分布和栽培情况：分布于缅甸热带、亚热带地区。栽培。

所见市场：曼德勒、内比都。

化学成分：果实含有维生素C、烟酸、铁、钾等，以及环烯醚萜类、木脂素类、糖苷类化合物。

药理功能：诺丽果实水和正丁醇提取物具有抗氧化、抗辐射损伤以及抗菌活性。需要注意的是，目前诺丽果被认为具有各种“神奇”的保健治疗效果，但目前无论是化学成分还是药理活性的研究均未发现可以支持其宣称功效的有力证据。

缅甸药用：传统滋补剂。

中国应用：南药“巴戟天”的原植物之一，西沙群岛有野生居群。

形态特征：灌木至小乔木枝近四棱柱形。叶交互对生，长圆形、椭圆形或卵圆形，两端渐尖或急尖，通常具光泽，无毛，全缘。头状花序每隔一节一个，与叶对生，花多数，无梗；花冠白色，漏斗形。聚花核果浆果状，卵形，幼时绿色，熟时白色，种子小，扁，长圆形，下部有翅；胚直，胚根下位，子叶长圆形；胚乳丰富，质脆。花果期全年。

主要文献：中华本草编委会，2005a；张洪财等，2011.

鸡蛋花 တရုတ်စံကား

夹竹桃科

***Plumeria rubra* Linnaeus**

Apocynaceae

中文别名： 缅栀子。

食用部位： 花。

食用方法： 做沙拉食用。

分布和栽培情况： 缅甸热带、亚热带地区广泛栽培。

所见市场： 曼德勒。

化学成分： 含挥发油、鸡蛋花酸、鸡蛋花素和鸡蛋花苷类。

药理功能： 花中的黄鸡蛋花素对HIV病毒反转录过程有抑制作用。花和叶的甲醇提取物对化脓棒杆菌属、粪链球菌属、芽孢杆菌属等都有很强的抑制作用。

缅甸药用： 治疗肝炎。

中国应用： 常用南药；广东凉茶的常见配方之一。云南南部把鸡蛋花蘸蛋清液后油炸，是当地一道特色菜肴。

形态特征： 小乔木，高达5米，枝条肥厚肉质，全株有乳汁。叶互生，厚纸质，矩圆状椭圆形或矩圆状倒卵形，常聚集于枝上部。聚伞花序顶生；花萼5裂；花冠白色黄心，裂片狭倒卵形，向左覆盖，比花冠筒长一倍。蓇葖果双生，条状披针形；种子矩圆形，扁平，顶端具矩圆形膜质翅。

主要文献： 邓仙梅等，2014；洪挺等，2011；武爱龙等，2017.

食用水牛角 ငှအဲရေအုန်ဂဂအ

夹竹桃科

Caralluma edulis **(Edgeworth) Bentham ex J. D. Hooker** Apocynaceae

中文别名:印度仙人掌。

食用部位:肉质茎。

食用方法:水煮后做沙拉食用。

分布和栽培情况:分布于缅甸中部干热气候区。

所见市场:曼德勒、良乌。

化学成分:同属植物*Caralluma adscendens*含有孕烷苷、黄酮苷等功能保健成分。

药理功能:*Caralluma adscendens*用于治疗糖尿病,甲醇和水提取物有很好的抗氧化和自由基清除活性。

缅甸药用:用作清凉药,治疗热病。

中国应用:主要做观赏多肉植物盆栽。近年来,发现其具有降糖降脂活性,被开发为减肥保健食品。

形态特征:多肉植物,植株群生,株茎匍匐,4~5棱,叶小并早落。花钟状,2轮,裂片短三角状,外轮分离或连合,内轮与外轮粘在一起。

主要文献:Maheshu et al., 2014; Tatiya et al., 2010.

南山藤 ခနေးတခေါကျပင်

夹竹桃科

***Dregea volubilis* (Linnaeus f.) Bentham ex J. D. Hooker** Apocynaceae

中文别名：苦藤。

食用部位：嫩茎叶、花。

食用方法：嫩茎叶用于煮汤；花焯水后做沙拉食用。

分布和栽培情况：缅甸中部部分地区栽培或野生。

所见市场：曼德勒、内比都、实皆、东枝。

化学成分：含有多氧孕甾烷苷类生物碱。

药理功能：提取物具有抗虫、抗氧化、抗乙肝病毒等活性。

缅甸药用：清理肠胃。

中国应用：根作催吐药；茎可利尿、止肚痛、除郁湿；全株可治胃热和胃痛。果皮的白霜可作兽医药。嫩叶可食，称为"苦藤"，为云南省特色野菜之一。茎皮纤维可作人造棉、绳索；种毛作填充物。

形态特征：木质大藤本；茎具皮孔，枝条灰褐色，具小瘤状凸起。叶宽卵形或近圆形，顶端急尖或短渐尖，基部截形或浅心形，无毛或略被柔毛。花多朵，组成伞形状聚伞花序，腋生，倒垂；花萼裂片外侧被柔毛，内侧有腺体多个；花冠黄绿色，夜吐清香，裂片广卵形，副花冠裂片生于雄蕊的背面，肉质膨胀；花粉块长圆形，直立；子房被疏柔毛，花柱短，柱头厚而顶端具圆锥状凸起。蓇葖披针状圆柱形，种子广卵形扁平，有薄边，棕黄色，顶端具白色绢质种毛。花期4~9月；果期7~12月。

主要文献：Sahu et al., 2002; Tennekoon et al., 1991; Hossain et al., 2011; Biswas et al., 2010.

树番茄 ခရမ်းချဉ်သီး

茄科

Cyphomandra betacea **(Cavanilles) Sendtner**

Solanaceae

中文别名：缅茄。

食用部位：果实。

食用方法：作为酸汤调味料，也可焯水或炭火烤熟后舂烂制作调味酱。

分布和栽培情况：克钦邦、实皆省。

所见市场：曼德勒。

化学成分：果实富含蛋白质，干燥果实中含量高达20%；矿物质种类丰富且含量高，维生素C含量高于番茄。

药理功能：人体试验发现树番茄汁具有降低血糖和调节葡萄糖代谢的作用。

缅甸药用：治疗失眠、食物中毒等。

中国应用：可做观赏植物。果实富含果胶，可制果酱和果冻。云南南部傣族、景颇族用该果实来制作杂菜汤、撒撇、喃咪等特色菜肴。

形态特征：小乔木或灌木，高达3米；枝粗壮，密生短柔毛；叶卵状心形，全缘或微波状；2~3歧分枝蝎尾式聚伞花序；花冠辐状，粉红色，裂片披针形；果梗粗壮；果实卵状，多汁液，光滑，橘黄色或带红色；种子圆盘形，周围有狭翼。

主要文献：Salazar-Lugo et al., 2016；张东华等，1998.

番茄 ခရမ်းချဉ်သီး

茄科

Solanum lycopersicum **Linnaeus**

Solanaceae

中文别名:西红柿。

食用部位:果实。

食用方法:炒食、煮汤,作为水果直接食用,也作番茄酱等调料。

分布和栽培情况:缅甸各地广泛栽培。

所见市场:曼德勒、东枝、仰光、内比都。

化学成分:果实富含番茄红素、维生素C、维生素E、膳食纤维、苹果酸、柠檬酸。

药理功能:番茄红素及果酸可降低胆固醇,预防冠心病和动脉粥样硬化;番茄红素和维生素E有抗氧化能力,防止癌变;膳食纤维、苹果酸和柠檬酸能帮助胃液消化食物,减少胃胀食积。未成熟的番茄呈绿色,含有大量有毒的龙葵碱,不宜食用。但缅甸有一种绿番茄(右下图)成熟后依然保持绿色,可直接食用。

缅甸药用:天然滋补剂。

中国应用:果实为时鲜蔬菜和水果。

形态特征:全体生黏质腺毛,有强烈气味。叶羽状复叶或羽状深裂,小叶极不规则,大小不等,卵形或矩圆形,边缘有不规则锯齿或裂片。花萼辐状,裂片披针形,果时宿存;花冠辐状,黄色。浆果扁球状或近球状,肉质多汁,成熟果实颜色多样,光滑;种子黄色。花果期夏秋季。

主要文献:贾敏如,李星炜,2005;钟彩霞,2011.

茄 ခရမျးခြူသီး

茄科

Solanum melongena **Linnaeus**

Solanaceae

中文别名:茄子。

食用部位:果实。

食用方法:茄子食用方法多样,可炒食、做沙拉等。当地品种较多,形状、大小和颜色各异。

分布和栽培情况:缅甸各地广泛栽培。

所见市场:曼德勒、东枝、仰光、内比都。

化学成分:富含维生素、矿质元素、花青素、芦丁等。

药理功能:所含的花青素和芦丁具有抗氧化和保护心血管活性。

缅甸药用:用作传统滋补剂。

中国应用:常见蔬菜。根、茎、叶入药,利尿收敛。

形态特征:直立分枝草本至亚灌木。叶大,卵形至长圆状卵形。能孕花单生,花冠辐状。果的形状、大小及颜色变异极大。

主要文献:贾敏如, 李星炜, 2005.

水茄　ခရမ်းကစော့သီး

茄科

***Solanum torvum* Swartz**

Solanaceae

中文别名:苦茄。

食用部位:果实。

食用方法:与玫瑰茄酸汤煮食,或煮熟后蘸缅式鱼酱食用。

分布和栽培情况:曼德勒省、仰光省。

所见市场:曼德勒。

化学成分:含有皂甙元、澳洲茄碱、澳洲茄-3,5-二烯、谷甾醇、异黄酮硫酸酯和甾类糖苷、咖啡酸甲酯、芦丁、没食子酸和儿茶素等。

药理功能:澳洲茄碱具有抗肿瘤活性;异黄酮硫酸酯和甾类糖苷具有抗病毒活性;咖啡酸甲酯具有降血糖的作用;芦丁、没食子酸、儿茶素具有抗氧化功效;乙醇提取物具有降血压活性。水茄果实粗提物具有细胞毒作用,不可过量食用。

缅甸药用:治疗感冒、咳嗽和泌尿系统疾病。

中国应用:传统中药,以根部入药,用于治疗感冒、久咳、胃痛、牙痛、痧症、经闭、跌打瘀痛、腰肌劳损、疖疮、痈肿。

形态特征:灌木。小枝疏具基部扁宽的皮刺,皮刺淡黄色。叶单生或双生,卵形至椭圆形,边缘半裂或作波状。伞房花序腋外生,花白色,萼杯状,花冠辐形。浆果黄色,光滑无毛,圆球形。种子盘状。全年均开花结果。

主要文献:钱信忠, 1996; 刘森等, 2016; 刘继华, 张锡平, 2003; Grandhi et al., 2011; Mohan et al., 2009.

宽叶十万错 တရုတ်ချဉ်ရွက်များရှော်ပျ

爵床科

***Asystasia gangetica* (Linnaeus) T. Anderson** Acanthaceae

中文别名:跌打草。

食用部位:叶。

食用方法:焯水后做沙拉食用。

分布和栽培情况:曼德勒省。

所见市场:曼德勒。

化学成分:含功能性多糖。富含多酚。

药理功能:多酚具有抗氧化活性,对人体具有潜在的保健功效。

缅甸药用:用于跌打损伤、骨折。

中国应用:在云南和海南,作为野菜食用。因其叶和嫩茎具有通便排毒的功效,还可作为解毒药食用。

形态特征:多年生草本。叶椭圆形,几全缘,两面稀疏被短毛,上面钟乳体点状。总状花序顶生,花序轴4棱,棱上被毛,花偏向一侧;苞片对生,三角形,疏被短毛;小苞片2,似苞片,着生于花梗基部;花萼5深裂,仅基部结合;花冠短,略两唇形,外面被疏柔毛;花冠管基部圆柱状,上唇2裂,裂片三角状卵形,先端略尖,下唇3裂。蒴果长3厘米,不育部分长15毫米。

主要文献:李海渤, 蓝日婵, 2007; 李奕星等, 2014.

光果猫尾木 သခွတ်ပုပ်

紫葳科

Dolichandrone serrulata **(Wallich ex Candolle) Seemann** Bignoniaceae

中文别名:喇叭树。

食用部位:花。

食用方法:焯水后炒食。

分布和栽培情况:缅甸中部干热区。

所见市场:内比都。

化学成分:花含有原儿茶酸、连翘环己醇酮、4-羟基-4-(2-羟基乙基)环己酮和异麦芽糖等化合物,其花的甲醇提取物具有抗氧化活性;枝含有Dolichandroside等多种酚苷类化合物。

药理功能:动物实验表明,含该植物根的泰国传统药方“Ben-Cha-Moon-Yai”具有退烧、镇痛和抗炎活性。

缅甸药用:治疗血热。

中国应用:中国未引种栽培,云南德宏傣族景颇族自治州边境农贸市场有干品出售,水发后制作菜肴,据访谈均系缅甸进口。

形态特征:乔木。奇数羽状复叶,小叶7~11枚,椭圆状卵形,顶端渐尖或钝,基部阔楔形至近圆形。花序为顶生总状聚伞花序。花萼佛焰苞状。花冠白色,筒淡绿色,裂片边缘具不规则的齿刻,具皱纹。蒴果细长,可达40厘米,螺旋形,不被毛。

主要文献: Phanthong et al., 2015; Kiratipaiboon et al., 2012; Bansuttee et al., 2010.

木蝴蝶 ကြောင်လျှာ

紫葳科

***Oroxylum indicum* (Linnaeus) Bentham ex Kurz** Bignoniaceae

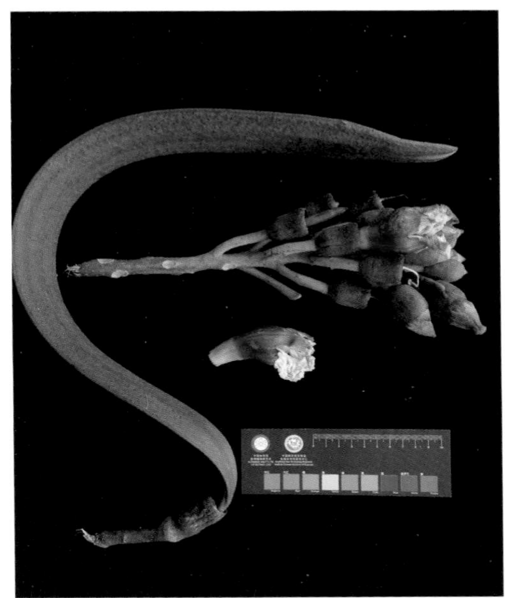

中文别名：千张纸、海船。

食用部位：幼嫩果实。

食用方法：切片，焯水后直接食用或蘸鱼酱后食用。

分布和栽培情况：分布于缅甸热带、亚热带地区。栽培或野生。

所见市场：曼德勒、东枝、东枝茵莱湖、格劳。

化学成分：种子富含油脂，油酸达80.4%。种子、茎皮含黄芩甙元和白杨素。

药理功能：种子、茎皮所含的黄芩甙元，有抗炎、抗变态反应、利尿、利胆、降胆固醇的作用；白杨素则对人体鼻咽癌(KB)细胞有细胞毒活性，其半数有效量为13毫克/毫升。

缅甸药用：治疗糖尿病、消化不良、便秘、外伤感染、中耳炎等。

中国应用：种子为传统中药，名“千张纸”，具有清肺利咽、舒肝和胃、生肌等功效。树皮为云南西双版纳傣药“郭楞嘎”，用于治疗各种溃疡、烧烫伤、黄疸、头晕头痛等。种子也用作代茶，称“玉蝴蝶茶”。

形态特征：大乔木。树皮厚，有皮孔。小枝皮孔极多且突起，叶痕明显而大。叶对生；大型奇数二至四回羽状复叶，着生于茎干近顶端。大型总状聚伞花序顶生，花萼钟状，紫色，先商平截，宿存；花冠橙红色，肉质，钟形，先端5浅裂，裂片大小不等。蒴果木质，扁平，阔线形，下垂，先端短尖，基部楔形，边缘稍内弯，中间有一条微突出的背缝，成熟时棕黄色，沿腹缝线裂开，果瓣具中肋。种子多数，有翅。除基部外，全被白色半透明的薄翅包围。花期7~10月；果期10~12月。

主要文献：中华本草编委会，2005a.

罗勒 ပင်စိမ်း

唇形科

Ocimum basilicum **Linnaeus**

Lamiaceae

中文别名:九层塔。

食用部位:全株。

食用方法:调味香草。

分布和栽培情况:缅甸各地广泛栽培,尤以中部和掸邦高原多见。

所见市场:曼德勒、东枝。

化学成分:富含维生素A和胡萝卜素。富含芳香油,包括罗勒烯、丁香油酚、牻牛儿醇、芳樟醇等。

药理功能:罗勒乙醇提取物对小鼠有抗胃溃疡的作用。

缅甸药用:治疗胃胀气、水肿、消化不良。

中国应用:云南傣族把全株用于治疗伤风感冒、肠炎腹泻、血崩、便血、咽喉疼痛;种子用于治疗目赤多眵、倒睫、目翳、走马牙疳;根用于治疗心悸。内蒙古自治区蒙古族用全草治疗外感头痛、食胀气滞、脘腹痛、泄泻、月经不调、跌打损伤、蛇虫咬伤、皮肤湿疹、隐疹瘙痒。维吾尔族名"力汗古力",用于心悸失眠、咳嗽哮喘、脾胃湿寒、肝郁胸闷、尿路及膀胱结石、乳汁不下及水肿、毒蛇咬伤及目赤流泪。

形态特征:一年生草本,茎直立,钝四棱形,上部微具槽,基部无毛,上部被倒向微柔毛,绿色,常染有红色,多分枝。叶卵圆形至卵圆状长圆形,先端微钝或急尖,基部渐狭,边缘具不规则牙齿或近于全缘,两面近无毛,下面具腺点,被微柔毛。总状花序顶生于茎、枝上,苞片细小,倒披针形,花萼钟形,呈二唇形,花冠淡紫色,或上唇白色下唇紫红色,伸出花萼,上唇宽大,近圆形,常具波状皱曲,下唇长圆形,全缘,近扁平。雄蕊分离,略超出花冠,插生于花冠筒中部,花柱超出雄蕊之上,小坚果卵珠形,黑褐色。花期通常7~9月;果期9~12月。

主要文献:中华本草编委会,2005a.

皱叶留兰香 ပူဒီနာ

唇形科

***M. spicata* Linnaeus(=*Mentha crispata* Schrader ex Willdenow)** Lamiaceae

中文别名:薄荷。

食用部位:全株。

食用方法:调味香草。

分布和栽培情况:主要分布于掸邦。栽培。

所见市场:曼德勒、东枝。

化学成分:富含芳香油,包括柠檬烃、水芹香油烃等,以及酚酸类和黄酮类化合物。

药理功能:所含酚酸类和黄酮类化合物具有抗炎、止血、镇痛等功效。精油具有抗人体病原真菌、抗炎和抗病毒活性。

缅甸药用:治疗感冒、头痛、中暑。

中国应用:调味香料或精油。

形态特征:多年生草本。茎直立,钝四棱形,常带紫色,无毛,不育枝仅贴地生。叶无柄或近于无柄,卵形或卵状披针形;先端锐尖,基部圆形或浅心形,边缘有锐裂的锯齿,坚纸质,上面绿色,皱波状,脉纹明显凹陷,下面淡绿色,脉纹明显隆起且带白色。轮伞花序在茎及分枝顶端密集成穗状花序。花冠淡紫。小坚果卵珠状三棱形,茶褐色,基部淡褐色,略具腺点,顶端圆。

主要文献:郑健, 2004; 盖旭等, 2012.

甘露子 ပုထိုးတချောက်ကြီးအသီး

唇形科

***Stachys affinis* Miquel**

Lamiaceae

中文别名: 宝塔菜。

食用部位: 块根。

食用方法: 煮食。

分布和栽培情况: 克钦邦、掸邦。

所见市场: 宾德亚。

化学成分: 含有丰富的膳食纤维和钙元素。根部富含酚类化合物、黄酮类化合物,以及由鼠李糖、葡萄糖醛酸、半乳糖醛酸、葡萄糖、半乳糖和阿拉伯糖组成的酸性多糖。

药理功能: 甘露子乙醇和水提取物具有抗氧化活性。

缅甸药用: 传统滋补剂。

中国应用: 地下肥大块茎供食用,形状珍奇,脆嫩无纤维,最宜做酱菜或泡菜。贵州用全草入药,治肺炎、风热感冒。外用治疮痈肿毒、毒蛇咬伤。

形态特征: 多年生草本,在茎基部数节上生有密集的须根及多数横走的根茎;根茎白色,在节上有鳞状叶及须根,顶端有念珠状或螺蛳状的肥大块茎。茎四棱形,具槽。叶卵圆形或长椭圆状卵圆形,先端微锐尖或渐尖,基部平截至浅星形。花冠粉色至紫红色,下唇有紫斑,花冠筒状。花期7~8月;果期9月。

主要文献: 中国科学院中国植物志编辑委员会, 2005; 盖琼辉, 王春林, 2016; Feng et al., 2015.

鳢肠 ကြိတ်ကျမ္မ နဂါးမင်း

菊科

***Eclipta prostrata* (Linnaeus) Linnaeus**

Asteraceae

中文别名:墨旱莲。

食用部位:全株。

食用方法:焯水后做沙拉食用。

分布和栽培情况:广布于缅甸各地湿地生境。

所见市场:东枝茵莱湖。

化学成分:未见相关报道。

药理功能:相关研究表明鳢肠提取物有降脂活性、抗蛇毒活性等。最近研究还发现有抗HIV活性。

缅甸药用:治疗血液病、肝病和高脂血症。

中国应用:传统中药墨旱莲原植物,用于清热解毒、凉血、止血、滋补肝肾。

形态特征:一年生草本。茎直立,斜升或平卧。叶长圆状披针形或披针形,无柄或有极短的柄,顶端尖或渐尖,边缘有细锯齿或有时仅波状,两面被密硬糙毛。头状花序总苞球状钟形,总苞片绿色,草质,长圆形或长圆状披针形,外层较内层稍短,背面及边缘被白色短伏毛;外围的雌花2层,舌状,中央的两性花多数,花冠管状,白色,瘦果扁四棱形。花期6~9月。

主要文献:中华本草编委会, 2005a.

沼菊　ကန်ဖော့

菊科

***Enydra fluctuans* Loureiro**

Asteraceae

食用部位:全株。

食用方法:新鲜嫩叶、嫩枝炒食。

分布和栽培情况:广布于缅甸各地湿地生境。

所见市场:曼德勒。

化学成分:含有功能性黄酮类、沼菊素。

药理功能:沼菊素具有降血压作用;黄酮类物质具有止痛、消炎、抗氧化的功效。

缅甸药用:治疗高血压。

中国应用:云南傣族和海南岛黎族食用嫩茎叶。

形态特征:沼生草本。茎粗壮,圆柱形,稍带肉质,下部匍匐。叶近无柄,长椭圆形至线状长圆形,基部骤狭、抱茎,顶端钝或近短尖,边缘有疏锯齿。头状花序少数,单生、腋生或顶生。舌状花的舌片顶端3~4裂。管状花与舌状花等长,上半部扩大,檐部有5深裂或齿刻,裂片顶端稍钝,或多裂而齿裂较浅或细齿状。瘦果倒卵状圆柱形,具明显的纵棱,隐藏于坚硬的托片中。无冠毛。花期11月至次年4月。

主要文献:Sannigrahi et al., 2011.

平卧菊三七 ဟင်းနုနွယ်ရွက်

菊科

Gynura procumbens **(Loureiro) Merrill**

Asteraceae

中文别名：长寿菜。

食用部位：嫩茎叶。

食用方法：做沙拉食用或做汤。

分布和栽培情况：缅甸热带、亚热带区域广泛栽培，有逸为野生的趋势。

所见市场：仰光。

化学成分：含有功能性多糖、植物甾醇、甾醇糖苷、十九烷、腺苷、山柰酚、棕榈酸甲酯、槲皮素-O-咖啡酰奎尼等。

药理功能：平卧菊三七提取物有降血糖活性。

缅甸药用：治疗糖尿病，缅甸制药公司已开发成保健食品。

中国应用：本种为新兴的蔬菜品种，被认为有诸多保健价值，故称为"长寿菜"。

形态特征：多年生攀缘草本。叶卵形、卵状长圆形或椭圆形，全缘或具波状齿。头状花序多数，排列成复伞房花序，小花橙黄色管状。瘦果圆柱形，栗黑色。

主要文献：中国科学院中国植物志编辑委员会，2005.

积雪草 မြင်းခွာပင်

伞形科

Centella asiatica **(Linnaeus) Urbanin Martius**

Apiaceae

中文别名:马蹄菜。

食用部位:全草。

食用方法:做汤或用作沙拉食用。

分布和栽培情况:广布于缅甸热带、亚热带的湿地生境。

所见市场:曼德勒。

化学成分:全草含维生素、果胶等。含积雪草苷。

药理功能:水煎剂对绿脓杆菌、变形杆菌及金黄色葡萄球菌均有抑制作用。积雪草苷对大鼠、小鼠有镇静、安定作用。醇提取物能松弛大鼠离体回肠,苷类部分能降低家兔及大鼠离体回肠的引力及收缩幅度,并有轻度抑制乙酰胆碱的作用。

缅甸药用:用于治疗失眠健忘和眼病,也用于治疗糖尿病、便秘和水肿等。

中国应用:传统中药,有清热解毒、消肿止痛、活血利尿的功效。为云南热带、亚热带地区特色野菜之一。

形态特征:多年生匍匐草本。茎纤维伏地,无毛或稍有毛,节上生根。单叶互生,叶片圆形或肾形,上面光滑,背面有疏柔毛,边缘有粗锯齿。伞形花序单生或2~5个簇生,花梗生于叶腋,短于叶柄,每一花梗顶端有花3~6朵聚成头状花序;花瓣卵形,紫红色,顶端维向内弯曲。双悬果扁圆形,光滑,主棱线性,棱间有网状纹相连。花期5~6月;果期7~8月。

主要文献:钱信忠, 1996.

刺芹 မွနျမာနံနံ

伞形科

Eryngium foetidum **Linnaeus**

Apiaceae

中文别名:刺芫荽。

食用部位:全株。

食用方法:做调味香料,制作沙拉和汤。

分布和栽培情况:钦邦、曼德勒省。

所见市场:曼德勒、彬马那、耶津、东枝、格劳。

化学成分:全株含有芳香油。挥发油主要含无环醛类和芳香族化合物等。

药理功能:有较强的抗氧化活性。

缅甸药用:用作利尿剂,治疗水肿病与蛇咬伤。

中国应用:用作调味香草。

形态特征:二年生或多年生草本,主根纺锤形。茎绿色直立,粗壮,无毛,歧聚伞式的分枝。基生叶披针形或倒披针形不分裂,革质,顶端钝,基部渐窄有膜质叶鞘,边缘有骨质尖锐锯齿,近基部的锯齿狭窄呈刚毛状,表面深绿色,羽状网脉;叶柄短;茎生叶着生在每一叉状分枝的基部,对生,无柄,边缘有深锯齿,齿尖刺状。头状花序生于茎的分叉处及上部枝条的短枝上,呈圆柱形;花瓣与萼齿近等长,倒披针形至倒卵形,顶端内折,白色、淡黄色或草绿色。果卵圆形或球形。花果期4~12月。

主要文献:贾敏如,李星炜,2005;中国科学院中国植物志编辑委员会,2005;Thomas et al.,2017;Janwitthayanuchit et al.,2016.

南美天胡荽 မြင်းခွာပင်

五加科

Hydrocotyle verticillata **Thunberg**

Araliaceae

中文别名:香菇草。

食用部位:叶。

食用方法:做汤或沙拉食用。

分布和栽培情况:外来入侵植物,广布于缅甸各地湿地生境。

所见市场:曼德勒。

化学成分:未见相关报道。

药理功能:未见相关报道。

缅甸药用:治疗急性肝炎。

中国应用:国内常作为观赏植物盆栽。目前在部分地区湿地逸为野生,有成为入侵植物的趋势。

形态特征:多年生草本。茎匍匐,细长,节上生根。叶片膜质至草质,圆形、肾形或马蹄形,边缘有钝锯齿,基部阔心形,两面无毛或在背面脉上疏生柔毛;掌状脉两面隆起,脉上部分叉。伞形花序聚生于叶腋,每一伞形花序有花3~4朵,聚集呈头状,花瓣卵形,紫红色或乳白色,膜质;花丝短于花瓣,与花柱等长。果实两侧扁压,圆球形,基部心形至平截形,每侧有纵棱数条,棱间有明显的小横脉,网状,表面有毛或平滑。花果期4~10月。

主要文献:贾敏如, 李星炜, 2005; 国家药典委员会, 2015.

参 考 文 献

Abbasi A M, Shah M H, Li T, et al., 2015. Ethnomedicinal values, phenolic contents and antioxidant properties of wild culinary vegetables[J]. Journal of Ethnopharmacology, 162: 333-345.

Abdel-Hameed E S S, 2009. Total phenolic contents and free radical scavenging activity of certain Egyptian ficus species leaf samples[J]. Food Chemistry, 114(4): 1271-1277.

Abirami A, Nagarani G, Siddhuraju P, 2014. The medicinal and nutritional role of underutilized citrus fruit-citrus hystrix (kaffir lime): A Review[J]. Drug Invention Today, 6 (1): 1-5.

Ahmed F, Selim M S T, Shilpi J A, 2005. Antibacterial activity of Ludwigia adscendens [J]. Fitoterapia, 76(5): 473-475.

Anwar F, Latif S, Ashraf M, et al., 2007. Moringa oleifera: a food plant with multiple medicinal uses[J]. Phytotherapy Research, 21(1): 17-25.

Awale S, Linn T Z, Than M M, et al., 2006. The healing art of traditional medicines in Myanmar[J]. J. Trad. Med., 26(2): 47-68.

Bae Y J, Kim M H, Lee J H, et al., 2014. Analysis of six elements (Ca, Mg, Fe, Zn, Cu, and Mn) in several wild vegetables and evaluation of their intakes based on Korea National Health and Nutrition Examination Survey 2010-2011[J]. Biological Trace Element Research, 164: 114-121.

Banerjee S, Singha S, Laskar S, et al., 2011. Efficacy of Limonia acidissima L. (Rutaceae) leaf extract on larval immatures of Culex quinquefasciatus Say 1823[J]. Asian Pacific Journal of Tropical Medicine, 4(9): 711-716.

Bansuttee S, Manohan R, Palanuvej C, et al., 2010. Antipyretic effect of Ben-Cha-Moon-Yai remedy[J]. Journal of Health Research, 24(4), 181-185.

Bazzano L A, Serdula M K, Liu S, 2003. Dietary intake of fruits and vegetables and risk of cardiovascular disease[J]. Current Atherosclerosis Reports, 5(6): 492-499.

Ben Salem Z, Laffray X, Al-Ashoor A, et al., 2017. Metals and metalloid bioconcentrations in the tissues of Typha latifolia grown in the four interconnected ponds of a domestic landfill site[J]. J Environ Sci (China), 54: 56-68.

Biscotti N, Pieroni A, 2015. The hidden Mediterranean diet: wild vegetables traditionally gathered and consumed in the Gargano area, Apulia, SE Italy[J]. Acta Societatis

Botanicorum Poloniae, 84: 327-338.

Biswas K, Chattopadhyay I, Banerjee R K, et al., 2002. Biological activities and medicinal properties of neem (Azadirachta indica)[J]. Current Science, 82(11): 1336-1345.

Biswas M, Haldar P K, Ghosh A K, 2010. Antioxidant and free-radical-scavenging effects of fruits of Dregea volubilis[J]. Journal of Natural Science Biology & Medicine, 1(1): 29-34.

Bonanno G, Cirelli G L, 2017. Comparative analysis of element concentrations and translocation in three wetland congener plants: Typha domingensis, Typha latifolia and Typha angustifolia[J]. Ecotoxicol Environ Saf, 143: 92-101.

Braca A, De T N, Di B L, et al., 2001. Antioxidant principles from Bauhinia tarapotensis [J]. Journal of Natural Products, 64(7): 892.

Bvenura C, Afolayan A J, 2015. The role of wild vegetables in household food security in South Africa: A review[J]. Food Research International, 76: 1001-1011.

Chaphalkar R, Apte K G, Talekar Y, et al., 2017. Antioxidants of Phyllanthus emblica L. bark extract provide hepatoprotection against ethnol-induced hepatic damage: a comparison with silymarin[J]. Oxidative and Medicine and Cellular Longevity(4): 1-10.

Charrondiere U R, 2013. Preparing a food list for a total diet study[M]// Total Diet Studies. New York: Springer: 53-62.

Chen G L, Chen S G, Xie Y Q, et al., 2015. Total phenolic, flavonoid and antioxidant activity of 23 edible flowers subjected to in vitro digestion[J]. Journal of Functional Foods, 17: 243-259.

Chen X X, Shi Y, Chai W M, et al., 2014. Condensed tannins from Ficus virens as tyrosinase inhibitors: structure, inhibitory activity and molecular mechanism[J]. PLoS One, 9(3): e91809.

Dauchet L, Czernichow S, Bertrais S, et al., 2005. Fruits and vegetables intake in the SU.VI.MAX study and systolic blood pressure change[J]. Archives des maladies du coeur et des vaisseaux, 99: 669-673.

Devi D V, Asna U, 2010. Nutrient profile and antioxidant components of Costus speciosus Sm. and Costus igneus Nak[J]. Indian Journal of Natural Products and Resources, 1(1): 116-118.

Eliza J, Daisy P, Ignacimuthu S, et al., 2009. Normo-glycemic and hypolipidemic effect of costunolide isolated from Costus speciosus (Koen ex. Retz.) Sm. in streptozotocin-induced diabetic rats[J]. Chemico-biological Interactions, 179(2): 329-334.

FAO, 2015. FAO statistics[R]. Food and Agriculture Organization of the United Nations. [2015-03-20].

FAO, 2017. Quarterly Food and Nutrition Security Report. January to March 2017[R/

OL]. [2018-11-14]. http://www.fao.org/americas/recursos/san/en.

Feng K, Chen W, Sun L W, et al., 2015. Optimization extrction, preliminary characterization and antioxidant activity in vitro of polysaccharides from Stachys sieboldii Miq. tubers[J]. Carbohydrate Polymers, 125: 45-52.

Flyman M V, Afolayan A J, 2006. The suitability of wild vegetables for alleviating human dietary deficiencies[J]. South African Journal of Botany, 72(4):492-497.

García-Herrera P, Morales P, Fernández-Ruiz V, et al., 2014. Nutrients, phytochemicals and antioxidant activity in wild populations of Allium ampeloprasum L., a valuable underutilized vegetable[J]. Food Research International, 62(8): 272-279.

Gatto M A, Ippolito A, Linsalata V, et al., 2011. Activity of extracts from wild edible herbs against postharvest fungal diseases of fruit and vegetables[J]. Postharvest Biology and Technology, 61: 72-82.

Geng Y, Zhang Y, Ranjitkar S, et al., 2016. Traditional knowledge and its transmission of wild edibles used by the Naxi in Baidi Village, northwest Yunnan Province[J]. Journal of Ethnobiology and Ethnomedicine, 12: 1-21.

Gowri S S, Vasantha K, 2010. Antioxidant activity of Sesbania grandiflora (pink variety) L. Pers. [J]. International Journal of Engineering Science & Technology, 2(9): 1-10.

Grandhi G R, Ignacimuthu S, Paulraj M G, 2011. Solanum torvum Swartz. fruit containing phenolic compounds shows antidiabetic and antioxidant effects in streptozotocin induced diabetic rats[J]. Food and Chemical Toxicology, 49(11): 2725-2733.

Hall J N , Moore S , Harper S B, et al., 2009. Global variability in fruit and vegetable consumption[J]. American Journal of Preventive Medicine, 36(5):402-409.

Hawaii Tropical Botanical Garden, 2017. Hitchenia glauca[R/OL].[2017-11-24]. http://www.htbg.com/Zingiberaceae/HITCH-011-6-29-001.

He J, Yin T, Chen Y, et al., 2015. Phenolic compounds and antioxidant activities of edible flowers of Pyrus pashia[J]. Journal of Functional Foods, 17: 371-379.

Hoang T K, Probst A, Orange D, et al., 2017. Bioturbation effects on bioaccumulation of cadmium in the wetland plant Typha latifolia: A nature-based experiment[J]. Science of the Total Environment, 618: 1284-1297.

Hong Van N T, Van Minh C, De Leo M, et al., 2006. Secondary metabolites from Lasia spinosa (L.) Thw. (Araceae) [J]. Biochemical Systematics and Ecology, 34(12): 882-884.

Hossain E, Rawani A, Chandra G, et al., 2011. Larvicidal activity of Dregea volubilis and Bombax malabaricum leaf extracts against the filarial vector Culex quinquefasciatus[J]. Asian Pacific Journal of Tropical Medicine, 4(6): 436-441.

Hou X L, Hayashi-Nakamura E, Takatani-Nakase T, et al., 2009. Curdione plays an important role in the inhibitory effect of Curcuma aromatica on CYP3A4 in Caco-2 cells [J]. Evidence-Based Complementary and Alternative Medicine, 2011: 1-9.

Hu D, Huang J, Wang Y, et al.,2014. Fruits and vegetables consumption and risk of stroke: a meta-analysis of prospective cohort studies[J]. Stroke, 45(6):1613.

ISO, 1991. ISO 1991-1:1982: Vegetables—Nomenclature[S]. International Organization for Standardization. [2015-03-20].

Jan R, Saxena D C, Singh S, 2017. Analyzing the effect of optimization conditions of germination on the antioxidant activity, total phenolics, and antinutritional factors of Chenopodium (Chenopodium album)[J]. Journal of Food Measurement and Characterization, 11(1): 256-264.

Janwitthayanuchit K, Kupradinun P, Rungsipipat A, et al., 2016. A 24-weeks toxicity study of eryngium foetidum Linn[J]. Leaves in Mice. Toxicol Res, 32(3): 231-237.

Joshi N, Siwakoti M, Kehlenbeck K, 2015. Wild vegetable species in Makawanpur District, Central Nepal: Developing a priority setting approach for domestication to improve food security[J]. Economic Botany, 69: 161-170.

Ju H M, Yu K W, Cho S D, et al., 2016. Anti-cancer effects of traditional Korean wild vegetables in complementary and alternative medicine[J]. Complementary Therapies in Medicine, 24: 47-54.

Kaliszewska I, Kołodziejska-Degórska I, 2015. The social context of wild leafy vegetables uses in Shiri, Daghestan[J]. Journal of Ethnobiology and Ethnomedicine, 11: 1-14.

Kasture V S, Deshmukh V K, Chopde C T, 2002. Anxiolytic and anticonvulsive activity of Sesbania grandiflora leaves in experimental animals[J]. Phytotherapy Research Ptr, 16(5): 455.

Khan H, Jan S A, Javed M, et al., 2016. Nutritional composition, antioxidant and antimicrobial activities of selected wild edible plants[J]. Journal of Food Biochemistry, 40: 61-70.

Kibar B, Temel S, 2016. Evaluation of mineral composition of some wild edible plants growing in the eastern anatolia region grasslands of Turkey and consumed as vegetable[J]. Journal of Food Processing and Preservation, 40: 56-66.

Kim A, Choi J, Htwe K M, et al., 2015. Flavonoid glycosides from the aerial parts of Acacia pennata in Myanmar[J]. Phytochemistry, 118: 17-22.

Kiratipaiboon C, Manohan R, Palanuvej C P, et al., 2012. Antinociceptive and anti-inflammatory effects of Ben-Cha-Moon-Yai remedy[J]. Journal of Health Research, 26 (5): 277-284.

Konsam S, Thongam B, Handique A K, 2016. Assessment of wild leafy vegetables traditionally consumed by the ethnic communities of Manipur, northeast India[J]. Journal of ethnobiology and ethnomedicine, 12: 1-15.

Lim T K, 2016. Boesenbergia rotunda. Edible Medicinal and Non-Medicinal Plants[M]. Berlin: Springer Publishing Company.

Łuczaj Ł, 2010. Changes in the utilization of wild green vegetables in Poland since the 19th century: A comparison of four ethnobotanical surveys[J]. Journal of Ethnopharmacology, 128: 395-404.

Łuczaj Ł, Dolina K, 2015. A hundred years of change in wild vegetable use in southern Herzegovina[J]. Journal of Ethnopharmacology, 166: 297-304.

Maheshu V, Priyadarsini D T, Sasikumar J M, 2014. Antioxidant capacity and amino acid analysis of Caralluma adscendens (Roxb.) Haw var. fimbriata (wall.) Grav. & Mayur. aerial parts[J]. J Food Sci Technol, 51(10): 2415-2424.

Mitropoulou G, Fitsiou E, Spyridopoulou K, et al., 2017. Citrus medica essential oil exhibits significant antimicrobial and antiproliferative activity[J]. LWT Food Science and Technology, 84: 344-352.

Mohan M, Jaiswal B S, Kasture S, 2009. Effect of Solanum torvum on blood pressure and metabolic alterations in fructose hypertensive rats[J]. Journal of Ethnopharmacology, 126(1): 86-89

Morales P, Carvalho A M, Sánchez-Mata M C, et al., 2011. Tocopherol composition and antioxidant activity of Spanish wild vegetables[J]. Genetic Resources and Crop Evolution, 59: 851-863.

Morales P, Fernández-Ruiz V, Sánchez-Mata M C, et al., 2014. Optimization and application of FL-HPLC for folates analysis in 20 species of mediterranean wild vegetables [J]. Food Analytical Methods, 8: 302-311.

Myers N, Mittermeier R A, Mittermeier C G, et al., 2000. Biodiversity hotspots for conservation priorities[J]. Nature: 403.

Nishaa S, Vishnupriya M, Sasikumar J M, et al., 2012. Antioxidant activity of ethanolic extract of maranta arundinacea L tuberous rhizomes[J]. Asian Journal of Pharmaceutical & Clinical Research, 5(4): 85-88.

Ogle B M, Hung P H, Tuyet H T, 2001. Significance of wild vegetables in micronutrient intakes of women in Vietnam: an analysis of food variety. Asia Pacific Journal of Clinical Nutrition 10: 21-30.

Ogoye-Ndegwa C, Aagaard-Hansen J, 2003. Traditional gathering of wild vegetables among the Luo of western Kenya: A nutritional anthropology project[J]. Journal of Ecology of Food Nutrition: 42.

Pandey S, Gupta R K, 2014. Screening of nutritional, phytochemical, antioxidant and antibacterial activity of Chenopodium album (Bathua)[J]. Journal of Pharmacognosy and Phytochemistry, 3(3): 1-9.

Panpipat W, Suttirak W, Chaijan M, 2010. Free radical scavenging activity and reducing capacity of five southern Thai indigenous vegetable extracts[J]. Walailak Journal of Science & Technology, 7(1): 2486-2496.

Parekh J, Karathia N, Chanda S, 2009. Evaluation of antibacterial activity and phytochemical analysis of Bauhinia variegata l. bark[J]. African Journal of Biomedical Research, 9(1): 53-56.

Pari L, Uma A, 2003. Protective effect of Sesbania grandiflora against erythromycin estolate-induced hepatotoxicity.[J]. Thérapie, 58(5): 439-443.

Patil J R, Chidambara Murthy K N, Jayaprakasha G K, et al., 2009. Bioactive compounds from Mexican lime (Citrus aurantifolia) juice induce apoptosis in human pancreatic cells[J]. Journal of Agricultural and Food Chemistry, 57(22): 10933-10942.

Peltzer K, Oo W M, Pengpid S, 2016. Traditional, complementary and alternative medicine use of chronic disease patients in a community population in Myanmar[J]. African Journal of Traditional Complementary & Alternative Medicines, 13(3):150-155.

Phanthong P, Phumal N, Chancharunee S, et al., 2015. Biological activity of Dolichandrone serrulata flowers and their active components[J]. Natural Product Communications, 10(8): 1387-1390.

Powell B, Ouarghidi A, Johns T, et al., 2014. Wild leafy vegetable use and knowledge across multiple sites in Morocco: a case study for transmission of local knowledge?[J] Journal of Ethnobiology and Ethnomedicine, 10: 1-11.

Pradhan D, Tripathy G, Patanaik S, 2012. Anticancer activity of limonia acidissima linn (rutaceae) fruit extracts on human breast cancer cell lines[J]. Tropical Journal of Pharmaceutical Research, 13(3): 413-419.

Raju N J, Pawar V S, Vishala T C, 2017. Anti hyperlipidemic activity of spondias pinnata fruit extracts[J]. International Journal of Pharmaceutical Sciences and Drug Research, 9(4): 178-181.

Reyes-García V, Menendez-Baceta G, Aceituno-Mata L, 2015. From famine foods to delicatessen: Interpreting trends in the use of wild edible plants through cultural ecosystem services[J]. Ecological Economics, 120: 303-311.

Sabu M, Km P K, Thomas V P, et al., 2013. Variability studies in “Peacock Ginger”, Kaempferia elegans Wall. (Zingiberaceae)[J]. Annals of Plant Sciences, 2(5): 138-140.

Sahu N, Panda N, Mandal N, et al., 2002. Polyoxypregnane glycosides from the flowers of Dregea volubilis[J]. Phytochemistry, 61(4): 383-388.

Salazar-Lugo R, Barahona A, Ortiz K, 2016. Archivos latinoamericanos de nutricion[J]. 66(2): 121-128.

Sannigrahi S, Mazumder U K, Pal D, et al., 2011. Flavonoids of enhydra fluctuans exhibits analgesic and anti-inflammatory activity in different animal models[J]. Pakistan Journal of Pharmaceutical Sciences, 24(3).

Selvaraj M R, Devi Rajeswari V, Kalpana V N, et al., 2016. Biotechnology and pharmacological evaluation of Indian vegetable crop: Lagenaria siceraria:an overview[J]. Appl Microbiol Biotechnol, 100: 1153-1162.

Shi Y, Hu H, Xu Y, et al., 2014. An ethnobotanical study of the less known wild edible figs (genus Ficus) native to Xishuangbanna, Southwest China[J]. Journal of Ethnobiology and Ethnomedicine, 10(1): 1-11.

Shi Y X, Xu Y K, Hu H B, et al., 2011. Preliminary assessment of antioxidant activity of young edible leaves of seven Ficus species in the ethnic diet in Xishuangbanna, Southwest China[J]. Food Chemistry, 128: 889-894.

Sudharshan S J, Kekuda T R P, Sujatha M L, 2010. Antiinflammatory activity of Curcuma aromatica Salisb and Coscinium fenestratum Colebr: a comparative study[J]. Journal of Pharmacy Research, 3(1): 24-25.

Tandon S, Rastogi R P, 1976. Studies on the chemical constituents of Spondias pinnata [J]. Planta Medica, 29(2): 190-192.

Tatiya A, Kulkarni A, Surana S, et al., 2010. Antioxidant and Hypolipidemic effect of caralluma adscendens Roxb. in Alloxanized diabetic rats[J]. International Journal of Pharmacology, 6(4): 400-406.

Tennekoon K H, Jeevathayaparan S, Kurukulasooriya A P, et al., 1991. Possible hepatotoxicity of Nigella sativa seeds and Dregea volubilis leaves[J]. Journal of Ethnopharmacology, 31(3): 283-289.

Thomas P S, Essien E E, Ntuk S J, et al., 2017. Eryngium foetidum L. essential oils: chemical composition and antioxidant capacity[J]. Medicines, 4(2): 24.

United Nations, Department of Economic and Social Affairs, Population Division (UNDESAPD), 2017. Population pyramids of the world from 1950 to 2100[R/OL]. [2018-11-14]. https://www.populationpyramid.net.

Vigouroux Y, Matsuoka Y, Doebley J, 2003. Directional evolution for microsatellite size in maize[J]. Molecular Biology & Evolution, 20(9): 1480-1483.

Wangthong S, et al., 2010. Biological activities and safety of Thanaka (Hesperethusa crenulata) stem bark[J]. Journal of Ethnopharmacology, (132): 466-472.

WHO, 2004. Promoting fruit and vegetable consumption around the world[R / OL]. [2018-11-13]. http://www.who.int/dietphysicalactivity/fruit/en.

WHO, 2010. Monographs on medicinal plants commonly used in the newly independent states[S].

WHO, 2014. Global status report on noncommunicable diseases[S].

Wujisguleng W, Khasbagen K, 2010. An integrated assessment of wild vegetable resources in Inner Mongolian Autonomous Region, China[J]. Journal of ethnobiology and ethnomedicine, 6: 1-8.

Xiong L, Yang J, Jiang Y, et al., 2014. Phenolic compounds and antioxidant capacities of 10 common edible flowers from China[J]. J Food Sci, 79: C517-525.

Xu J, Yang Y, Pu Y, et al., 2001. Genetic diversity in Taro (Colocasia esculenta, Schott, Araceae) in China: An ethnobotanical and genetic approach[J]. Economic Botany, 55 (1): 14-31.

Xu Y K, Tao G D, Liu H M, et al., 2004. Wild vegetable resources and market survey in Xishuangbanna, Southwest China[J]. Economic Botany, 58:647-667.

Yadav S K, Sehgal S, 1997. Effect of home processing and storage on ascorbic acid and β-carotene content of bathua (Chenopodium album) and fenugreek (Trigonella foenum graecum) leaves[J]. Plant Foods for Human Nutrition (Formerly Qualitas Plantarum), 50(3): 239-247.

Yang X F, Luedeling E, Chen G, et al., 2012. Climate change effects fruiting of the prize matsutake mushroom in China[J]. Fungal Diversity, 56(1): 189-198.

Yoshikawa M, Xu F, Morikawa T, et al., 2007. Medicinal flowers. Ⅻ. New spirostane-type steroid saponins with antidiabetogenic activity from Borassus flabellifer[J]. Chemical and Pharmaceutical Bulletin, 55(2): 308-316.

曹利民, 李慧, 李婷, 等, 2015. 江西赣南客家16种野生蔬菜营养成分的测定[J]. 食品研究与开发, 36: 19-22.

陈明, 2016. 印度梵文医典《医理精华》研究[M]. 北京: 商务印书馆.

陈仪新, 卫智权, 陆广利, 等, 2015. 芒果不同部位化学成分和药理作用的研究近况[J]. 广西中医药大学学报, 18(2): 102-104.

戴蒙德, 2014. 枪炮、病菌与钢铁[M]. 上海: 上海译文出版社.

邓仙梅, 刘敬, 谢文琼, 等, 2014. 凉茶常用药材鸡蛋花的研究进展[J]. 时珍国医国药, 25(1): 198-200.

盖琼辉, 王春林, 2016. 甘露子营养成分的测定与比较分析[J]. 安徽农业科学, 44(34): 62-66.

盖旭, 李荣, 姜子涛, 2012. 调味香料留兰香精油的研究进展[J]. 中国调味品, 37(1): 80-83.

葛宇, 曹剑秋, 钟利文, 等, 2017. 油梨和羊奶果果肉粗提物对 α-葡萄糖苷酶的体外抑制[J]. 热带农业科学, 37(2): 16-19.

国家药典委员会, 2010. 中国药典[M]. 北京: 中国医药科技出版社.
国家药典委员会, 2015. 中华人民共和国药典[M]. 2015版. 北京: 中国医药科技出版社.
何翠薇, 陈玉萍, 覃洁萍, 等, 2011. 木薯茎秆及叶化学成分初步研究[J]. 时珍国医国药,22(4): 908-909.
洪挺, 余勃, 陆豫, 等, 2011. 鸡蛋花中化学成分及生物活性研究进展[J]. 天然产物研究与开发, 23(3): 565.
侯有明, 庞雄飞, 梁广文, 2002. 印楝素乳油对小菜蛾种群的控制作用[J]. 昆虫学报, 45(1): 47-52.
胡祖艳, 范青飞, 冯峰, 等, 2014. 槟榔青茎皮的化学成分研究[J]. 天然产物研究与开发, (a02): 190-193.
淮虎银, 张斌, 刘华山, 2008. 金平周期性集市野生食用植物资源的民族植物学[J]. 云南植物研究, 30: 603-610.
黄维南, 蔡克强, 蔡龙祥, 1994. 羊奶果的试种及果实营养成分研究[J]. 亚热带植物科学, 23(1): 13-17.
黄小波, 付明, 陈东明, 2015. 四棱豆总黄酮抗氧化和抗肝损伤作用研究[J]. 食品科学, 36(15): 206-211.
贾敏如, 李星炜, 2005. 中国民族药志要[M]. 北京: 中国医药科技出版社.
蒋俊兰, 梁瑞璋, 王钊, 1987. 野香橼综合加工利用的研究[J]. 西南林学院学报(2).
赖永海, 2016. 金光明经译注[M]. 北京: 中华书局.
黎华寿, 黄京华, 张修玉, 等, 2005. 香茅天然挥发物的化感作用及其化学成分分析[J]. 应用生态学报, 16(4): 763-767.
李海渤, 蓝日婵, 2007. 宽叶十万错多糖最佳提取工艺研究[J]. 安徽农业科学, 35(32): 10227-10228.
李娘辉, 李静艳, 1996. 四棱豆的营养价值和利用[J]. 华南师范大学学报(自然科学版)(2): 84-89.
李秦晋, 刘宏茂, 许又凯, 等, 2007. 西双版纳傣族利用野生蔬菜种类变化及原因分析[J]. 云南植物研究, 29: 467-478.
李旭森, 许光凯, 王国凯, 等, 2015. 木棉的化学成分及药理作用研究进展[J]. 中国野生植物资源, 34(3): 42-45.
李奕星, 臧小平, 林兴娥, 等, 2014. 宽叶十万错抗氧化性测定[J]. 热带生物学报, 5(4): 388-391.
梁锦丽, 2009. 菱角的营养保健功能及其产品开展进展[J]. 农产品加工学刊, 11: 78-80.
廖矛川, 刘永泄, 肖培根, 1989. 蒙古香蒲、宽叶香蒲和长苞香蒲花粉的黄酮类化合物的研究[J]. 植物学报, 31(12): 939-947.
廖学焜, 李用华, 1996. 守宫木种子油的脂肪酸组成(简报)[J]. 热带亚热带植物学报: 3.
廖云, 李蓉涛, 2013. 洋紫荆(Bauhinia variegata L.)花的化学成分研究[J]. 天然产物研究与开发, 25(5): 634-636.
凌雪, 张迪, 严雪龙, 等, 2015. 西印度醋栗化学成分及活性研究进展[J]. 中国野生植物资源, 34(6): 40-43.
刘川宇, 杜凡, 汪健, 等, 2012. 佤族野生食用植物资源的民族植物学研究[J]. 西部林业科学, 41: 42-49.
刘春菊, 牛丽影, 萌郁, 等, 2016. 香橼精油体外抗氧化及其抑菌活性研究[J]. 食品工业科技, 37(24): 132-136.
刘海霞, 刘刚, 张晓喻, 等, 2014. 移 [木衣] 属植物多酚的含量测定与比较[J]. 食品科学(24): 295-300.
刘继华, 张锡平, 2003. 从水茄果实中粉的具抗病毒活性的异黄酮硫酸酯和甾类糖苷[J]. 国外医药(植物药分册), 18(2): 66.
刘森, 彭丽雲, 朱名毅, 等, 2016. 水茄提取物体外抗肿瘤活性成分的筛选及其作用机制研究[J]. 右江民族医学院学报, 38(2): 157-159.
刘洋, 卢群, 周志远, 等, 2013. 芭蕉植物的研究及开发进展[J]. 广东药学院学报, 29(6): 675-677, 681.
刘永娟, 卫永华, 张志健, 2017. 豆薯资源及其开发利用现状[J]. 食品研究与开发 (4): 208-212.
刘宇婧, 付为国, 蔡哲平, 等, 2016. 大野芋营养成分分析与重金属检测[J]. 食品研究与开发, 37(21): 119-122.
刘宇婧, 薛珂, 邢德科, 等, 2017. 中国南部和西南部地区大野芋应用的民族植物学调查[J]. 植物资源与环境学报, 26(2): 118-120.
龙春林. 2013. 现代民族植物学引论[J]. 植物分类与资源学报, 35: 438-442.
马源, 1979. 柬埔寨的“宝树”: 糖棕[J]. 世界知识, 2: 13.
闵莉静, 李敬芬, 2013. 黄秋葵多糖结构分析及细胞毒性研究[J]. 北方园艺(14): 167-170.
牛凤兰, 陈林, 宋德锋, 等, 2009. 菱角的化学成分及药效活性研究进展[J]. 中药材, 32(12): 1926-1929.
裴盛基, 2013. 民族植物学及其现代应用研究[J]. 植物分类与资源学报, 35: 5-9.
钱信忠, 1996. 中国本草彩色图鉴: 常用中药篇: 中卷[M]. 北京: 人民卫生出版社.
任刚, 彭加兵, 易文芳, 等, 2014. 近5年波罗蜜属植物化学成分及生物活性研究进展[J]. 中国实验方剂学杂志, 20(21): 234-239.
沈奇, 王显生, 高文瑞, 等, 2012. 扁豆的研究概况[J]. 金陵科技学院学报, 28(2): 72-77.
唐春红, 陈冬梅, 陈岗, 等, 2009. 余甘子果实提取物活性成分分离及结构鉴定[J]. 食品科学, 30(9): 103-108.

王国强, 2014. 全国中草药汇编[M]. 3版. 北京: 人民卫生出版社.
王洁如, 龙春林, 1995. 基诺族传统食用植物的民族植物学研究[J]. 云南植物研究, 17: 161-168.
韦卓文, 张振文, 李开绵, 2014. 木薯安全食用方法[J]. 中国热带农业(6): 75-77.
吴征镒, 2006. 云南植物志[M]. 北京: 科学出版社.
武爱龙, 吴建阳, 卓海容, 2017. 鸡蛋花的研究进展[J]. 农业科技通讯(7): 55-58.
徐小艳, 吴锦铸, 2009. 台湾青枣的营养成分分析与利用[J]. 食品科技, 34(10): 32-34.
许又凯, 刘宏茂, 2002. 中国云南热带野生蔬菜[M]. 北京: 科学出版社.
许又凯, 刘宏茂, 肖春芬, 等, 2005. 6种食用榕树叶营养成分及作为木本蔬菜的评价[J]. 武汉植物学研究, 23(1): 85-90.
许又凯, 刘宏茂, 肖萍, 等, 2004. 粉花羊蹄甲的营养成分及作为特色蔬菜的评价[J]. 云南大学学报(自然科学版), 26(1): 88-92.
薛娟萍, 朱昌三, 安家成, 2014. 竹芋淀粉的提取工艺研究[J]. 食品研究与开发, 35(12): 24-26.
薛咏梅, 王文静, 饶高雄, 等, 2010. 傣药铁刀木叶的化学成分研究[J]. 云南中医学院学报, 33(2): 17-19.
杨乾展, 赵浩如, 程景才, 等, 2008. 西洋菜的研究进展[J]. 河北农业科学, 12(4): 22-24.
杨通华, 2016. 三叶漆、芹菜籽、厚朴和灯心草的生物活性成分[D]. 北京: 中国科学院大学.
殷建忠, 周玲仙, 王琦, 2010. 云南产11种野生食用鲜花营养成分分析评价[J]. 食品研究与开发, 31(3): 163-165.
尹伟, 宋祖荣, 刘金旗, 等, 2015. 香橼化学成分研究[J]. 中药材, 38(10): 2091-2094.
袁志超, 汪芳安, 2006. 番木瓜的开发应用及研究进展[J]. 武汉工业学院学报, 25(3): 15-20.
张东华, 汪庆平, 马晓芳, 1998. 具有开发前景等热带果蔬植物: 树番茄[J]. 资源开发与市场, 14(5): 209-210.
张洪财, 王文婻, 刘树民, 2011. 诺丽果化学成分的研究进展[J]. 哈尔滨医药, 31(3): 213-214.
张娇, 吴海莉, 张阿琴, 2016. 韭菜子药理活性研究进展[J]. 江苏科技信息(10): 72-73.
张嫩玲, 蔡佳仲, 胡英杰, 等, 2017. 木豆叶的化学成分研究[J]. 中药材, 40(5).
张勇, 白雅敏, 邵月琴, 等, 2016. 新千年发展目标框架下的全球慢性病防控政策的回顾与建议[J]. 中国慢性病预防与控制, 24: 629-632.
赵堂彦, 孟茜, 瞿恒贤, 等, 2014. 鹰嘴豆营养功能特性及其应用[J]. 粮油食品科技, 22(4): 38-41.
郑家龙, 1997. 扁豆的药理作用与临床应用[J]. 时珍国药研究, 8(4): 330-331.
郑健, 2004. 留兰香活性成分的研究[D]. 沈阳: 沈阳药科大学.

中国科学院华南植物园, 1977. 海南植物志[M]. 北京: 科学出版社.
中国科学院中国植物志编辑委员会, 2005. 中国植物志[M]. 北京: 科学出版社.
中国药材公司, 1994. 中国重要资源志要[M]. 北京: 科学出版社.
中华本草编委会, 2005a. 中华本草[M]. 上海: 上海科学技术出版社.
中华本草编委会, 2005b. 中华本草: 傣药卷[M]. 上海: 上海科学技术出版社.
钟彩霞, 2011. 番茄的营养成分及保健作用[J]. 内蒙古科技与经济, 22: 105-107.
钟平, 1995. 印楝杀虫剂的杀虫作用和机理[J]. 植物保护, 21(5): 30.
周玲, 董伟, 王月德, 等, 2016. 傣药铁刀木叶中一个新的异吲哚生物碱[J]. 中国中药杂志, 41(9): 1646-1648.
朱建玲, 都玉蓉, 孙士浩, 等, 2015. 独行菜属植物的化学成分和药理作用研究进展[J]. 青海师范大学学报(自然科学版)(2): 48-53.